北京松山常见物种资源图谱

Flora and Fauna in Beijing Songshan Nature Reserve

王小平　杜连海　陈峻崎　刘桂林　吴记贵　蒋万杰　主编

中 国 林 业 出 版 社

主　　编：王小平　杜连海　陈峻崎　刘桂林　吴记贵　蒋万杰
编　　委：邹大林　李黎立　南海龙　范雅倩　蒋　健　任秀平　程瑞义
　　　　　朱建刚　智　信　张　峰　王　欢　冯　达　沐先运

本书由以下项目资助出版
（1）国家林业局林业公益行业科研专项“都市型自然保护区保护与适应关键技术研究”，项目编号：201004053
（2）中韩林业合作“北京八达岭地区森林资源保护与公众教育”示范项目
（3）国家林业局林业公益行业科研专项“重要名胜区古树健康诊断与维持技术研究”，项目编号：200904019

图书在版编目（CIP）数据

北京松山常见物种资源图谱 / 王小平等主编. -- 北京：中国林业出版社, 2013.6
ISBN 978-7-5038-7066-8
Ⅰ. ①北… Ⅱ. ①王… Ⅲ. ①物种—种质资源—北京市—图谱
Ⅳ. ①Q-92

中国版本图书馆CIP数据核字(2013)第115842号

责任编辑：贾麦娥
装帧设计：刘临川
出版发行：中国林业出版社（100009 北京西城区刘海胡同7号）
电　　话：010－83227226
印　　刷：北京卡乐富印刷有限公司
版　　次：2013年9月第1版
印　　次：2013年9月第1次
开　　本：16K
印　　张：27
定　　价：158.00元

目 录

前 言 ······ 7

北京松山国家级自然保护区概况 ······ 8

北京松山国家级自然保护区植被类型 ······ 10

第一章 北京松山植物 ······ 17

蔓出卷柏 ······ 18
问荆 ······ 19
荚果蕨 ······ 20
有柄石韦 ······ 21
华北落叶松 ······ 22
油松 ······ 23
侧柏 ······ 24
草麻黄 ······ 25
山杨 ······ 26
核桃楸 ······ 27
红桦 ······ 28
白桦 ······ 29
平榛 ······ 30
毛榛 ······ 31
大果榆 ······ 32
葎草 ······ 33
蝎子草 ······ 34
宽叶荨麻 ······ 35
萹蓄 ······ 36
酸模叶蓼 ······ 37
支柱蓼 ······ 38
戟叶蓼 ······ 39
巴天酸模 ······ 40
卷耳 ······ 41
石竹 ······ 42
瞿麦 ······ 43
大花剪秋罗 ······ 44
异花假繁缕 ······ 45
女娄菜 ······ 46
石生蝇子草 ······ 47
叉歧繁缕 ······ 48
沼生繁缕 ······ 49
牛扁 ······ 50
草乌 ······ 51
华北乌头 ······ 52
类叶升麻 ······ 53
紫花耧斗菜 ······ 54
华北耧斗菜 ······ 55
北京水毛茛 ······ 56
芹叶铁线莲 ······ 57
短尾铁线莲 ······ 58
大叶铁线莲 ······ 59
棉团铁线莲 ······ 60
半钟铁线莲 ······ 61
翠雀 ······ 62
白头翁 ······ 63
细叶白头翁 ······ 64
毛茛 ······ 65
东亚唐松草 ······ 66
瓣蕊唐松草 ······ 67
金莲花 ······ 68
细叶小檗 ······ 69
蝙蝠葛 ······ 70
北五味子 ······ 71
白屈菜 ······ 72
小黄紫堇 ······ 73
珠果黄堇 ······ 74
野罂粟 ······ 75
垂果南芥 ······ 76
白花碎米荠 ······ 77
裸茎碎米荠 ······ 78
糖芥 ······ 79
二月蓝（诸葛菜） ······ 80
瓦松 ······ 81
钝叶瓦松 ······ 82
景天三七（费菜） ······ 83
华北景天 ······ 84
小丛红景天 ······ 85
狭叶红景天 ······ 86
红升麻（落新妇） ······ 87
大花溲疏 ······ 88
小花溲疏 ······ 89
梅花草 ······ 90
刺梨 ······ 91
土庄绣线菊 ······ 92
山楂 ······ 93
山荆子 ······ 94
秋子梨 ······ 95
龙芽草 ······ 96
水杨梅 ······ 97
委陵菜 ······ 98
多茎委陵菜 ······ 99
等齿委陵菜 ······ 100
山楂叶悬钩子 ······ 101

地榆 …………………… 102
山桃 …………………… 103
欧李 …………………… 104
山杏 …………………… 105
单瓣榆叶梅 ………… 106
直立黄芪 …………… 107
达乌里黄芪 ………… 108
糙叶黄芪 …………… 109
杭子梢 ……………… 110
红花锦鸡儿 ………… 111
米口袋 ……………… 112
茳芒香豌豆 ………… 113
胡枝子 ……………… 114
达乌里胡枝子 ……… 115
黄香草木犀 ………… 116
蓝花棘豆 …………… 117
刺槐 …………………… 118
苦参 …………………… 119
假香野豌豆 ………… 120
歪头菜 ……………… 121
鼠掌老鹳草 ………… 122
灰背老鹳草 ………… 123
野亚麻 ……………… 124
西伯利亚远志 ……… 125
猫眼草 ……………… 126
雀儿舌头 …………… 127
一叶荻（叶底珠）… 128
火炬树 ……………… 129
南蛇藤 ……………… 130
卫矛 …………………… 131
华北五角枫 ………… 132
水金凤 ……………… 133
锐齿鼠李 …………… 134
小叶鼠李 …………… 135
酸枣 …………………… 136
葎叶蛇葡萄 ………… 137
山葡萄 ……………… 138
爬山虎 ……………… 139
软枣猕猴桃 ………… 140
红旱莲 ……………… 141
鸡腿堇菜 …………… 142
裂叶堇菜 …………… 143
紫花地丁 …………… 144
早开堇菜 …………… 145
斑叶堇菜 …………… 146
牛泷草 ……………… 147
光滑柳叶菜 ………… 148
柳兰 …………………… 149
刺五加 ……………… 150
无梗五加 …………… 151
白芷 …………………… 152
北柴胡 ……………… 153
短毛独活 …………… 154
防风 …………………… 155
照山白 ……………… 156
迎红杜鹃 …………… 157
点地梅 ……………… 158
北京假报春 ………… 159
胭脂花 ……………… 160
大叶白蜡 …………… 161
紫丁香 ……………… 162
暴马丁香 …………… 163
笔龙胆 ……………… 164
白首乌 ……………… 165
打碗花 ……………… 166
田旋花 ……………… 167
日本菟丝子 ………… 168
北鱼黄草 …………… 169
圆叶牵牛 …………… 170
花荵 …………………… 171
斑种草 ……………… 172
附地菜 ……………… 173
荆条 …………………… 174
藿香 …………………… 175
白苞筋骨草 ………… 176
风轮菜 ……………… 177
香青兰 ……………… 178
木本香薷 …………… 179
夏至草 ……………… 180
益母草 ……………… 181
薄荷 …………………… 182
糙苏 …………………… 183
蓝萼香茶菜 ………… 184
荫生鼠尾草 ………… 185
曼陀罗 ……………… 186
野海茄 ……………… 187
柳穿鱼 ……………… 188
短茎马先蒿 ………… 189
返顾马先蒿 ………… 190
红纹马先蒿 ………… 191
松蒿 …………………… 192
地黄 …………………… 193
刘寄奴（阴行草）… 194
北水苦荬 …………… 195
细叶婆婆纳 ………… 196
草本威灵仙（轮叶婆婆纳）
…………………………… 197
角蒿 …………………… 198
黄花列当 …………… 199
透骨草 ……………… 200
车前 …………………… 201
六叶葎 ……………… 202
蓬子菜 ……………… 203
茜草 …………………… 204
六道木 ……………… 205
刚毛忍冬 …………… 206
丁香叶忍冬 ………… 207
接骨木 ……………… 208
鸡树条荚蒾 ………… 209
糙叶败酱 …………… 210
缬草 …………………… 211
日本续断 …………… 212
华北蓝盆花 ………… 213
赤瓟 …………………… 214
石沙参 ……………… 215
荠苨 …………………… 216
多歧沙参 …………… 217
紫斑风铃草 ………… 218
党参 …………………… 219
桔梗 …………………… 220
高山蓍 ……………… 221
牛蒡 …………………… 222
铁杆蒿 ……………… 223

祁州漏芦 …………… 224
三脉紫菀 …………… 225
紫菀 …………… 226
苍术 …………… 227
小花鬼针草 …………… 228
鬼针草 …………… 229
翠菊 …………… 230
飞廉 …………… 231
烟管蓟 …………… 232
刺儿菜 …………… 233
小红菊 …………… 234
甘菊 …………… 235
蓝刺头 …………… 236
阿尔泰狗娃花 …………… 237
牛膝菊 …………… 238
旋覆花 …………… 239
抱茎苦荬菜 …………… 240
大丁草 …………… 241
山莴苣 …………… 242
火绒草 …………… 243
狭苞橐吾 …………… 244
全缘橐吾 …………… 245
蚂蚱腿子 …………… 246
毛连菜 …………… 247
盘果菊 …………… 248
风毛菊 …………… 249
银背风毛菊 …………… 250
篦苞风毛菊 …………… 251
皱叶鸦葱 …………… 252
蒲公英 …………… 253
野青茅 …………… 254
狗尾草 …………… 255
大油芒 …………… 256
溪水薹草 …………… 257
异穗薹草 …………… 258
一把伞南星 …………… 259
鸭跖草 …………… 260
竹叶子 …………… 261
野韭 …………… 262
球序韭 …………… 263
龙须菜 …………… 264
萱草 …………… 265
北黄花菜 …………… 266
有斑百合 …………… 267
山丹 …………… 268
北重楼 …………… 269
玉竹 …………… 270
黄精 …………… 271
鹿药 …………… 272
藜芦 …………… 273
穿山薯蓣（穿山龙） …………… 274
野鸢尾 …………… 275
矮紫苞鸢尾 …………… 276
角盘兰 …………… 277
蜻蜓兰 …………… 278
羊耳蒜 …………… 279
紫点杓兰 …………… 280
大花杓兰 …………… 281
沼兰 …………… 282
凹舌兰 …………… 283
华北对叶兰 …………… 284
尖唇鸟巢兰 …………… 285
手参 …………… 286
二叶舌唇兰 …………… 287

第二章　北京松山鸟类 …………… 289

一、鹳形目 …………… 290
黑鹳 …………… 290
二、雁形目 …………… 291
鸳鸯 …………… 291
绿头鸭 …………… 292
三、隼形目 …………… 293
苍鹰 …………… 293
雀鹰 …………… 294
松雀鹰 …………… 295
普通鵟 …………… 296
灰脸鵟鹰 …………… 297
赤腹鹰 …………… 298
凤头蜂鹰 …………… 299
金雕 …………… 300
秃鹫 …………… 301
阿穆尔隼 …………… 302
红隼 …………… 303
四、鸡形目 …………… 304
斑翅山鹑 …………… 304
勺鸡 …………… 305
雉鸡 …………… 306
五、鸽形目 …………… 307
山斑鸠 …………… 307
六、鹃形目 …………… 308
大杜鹃 …………… 308
七、鸮形目 …………… 309
红角鸮 …………… 309
领角鸮 …………… 310
纵纹腹小鸮 …………… 311
长耳鸮 …………… 312
八、佛法僧目 …………… 313
普通翠鸟 …………… 313
三宝鸟 …………… 314
九、戴胜目 …………… 315
戴胜 …………… 315
十、䴕形目 …………… 316
灰头绿啄木鸟 …………… 316
大斑啄木鸟 …………… 317
星头啄木鸟 …………… 318
十一、雀形目 …………… 319
凤头百灵 …………… 319
家燕 …………… 320
金腰燕 …………… 321
灰鹡鸰 …………… 322
白鹡鸰 …………… 323
树鹨 …………… 324
粉红胸鹨 …………… 325
长尾山椒鸟 …………… 326

太平鸟 …… 327
褐河乌 …… 328
鹪鹩 …… 329
红喉歌鸲（红点颏）…… 330
红胁蓝尾鸲 …… 331
北红尾鸲 …… 332
红尾水鸲 …… 333
黑喉石䳭 …… 334
蓝矶鸫 …… 335
紫啸鸫 …… 336
斑鸫 …… 337
褐柳莺 …… 338
黄腰柳莺 …… 339
白眉（姬）鹟 …… 340
红喉（姬）鹟（黄点颏）…… 341
白腹（姬）鹟（白腹蓝鹟）…… 342
寿带（鸟）…… 343
山噪鹛 …… 344
棕头鸦雀 …… 345
银喉长尾山雀 …… 346
大山雀 …… 347
黄腹山雀 …… 348
煤山雀 …… 349
沼泽山雀 …… 350
褐头山雀 …… 351
普通䴓 …… 352
红胁绣眼 …… 353
黑枕黄鹂 …… 354
发冠卷尾 …… 355
灰椋鸟 …… 356
松鸦 …… 357
红嘴蓝鹊 …… 358
灰喜鹊 …… 359
喜鹊 …… 360
红嘴山鸦 …… 361
大嘴乌鸦 …… 362
小嘴乌鸦 …… 363
（树）麻雀 …… 364
山麻雀 …… 365
燕雀 …… 366
金翅（雀）…… 367
普通朱雀 …… 368
黄喉鹀 …… 369
戈氏岩鹀（灰眉岩鹀）…… 370
三道眉草鹀 …… 371
小鹀 …… 371

第三章　北京松山哺乳、爬行、两栖动物 …… 373

狍（狍子）…… 374
猪獾 …… 375
狗獾 …… 376
豹猫 …… 377
黄鼬（黄鼠狼）…… 378
野猪 …… 379
貉 …… 380
斑羚 …… 381
岩松鼠 …… 382
花鼠（五道眉）…… 383
小麝鼩 …… 384
大林姬鼠 …… 385
黑线姬鼠 …… 386
赤练蛇 …… 387
短尾蝮蛇 …… 388
蓝尾石龙子 …… 389
宁波滑蜥 …… 390
林蛙 …… 391

第四章　北京松山昆虫 …… 393

参考文献 …… 421

索引 …… 422

前　言

北京松山国家级自然保护区位于北京市延庆县境内西北部，距市区90km，距延庆县城25km。地理坐标东经115° 43′ 44″ ~ 115° 50′ 22″，北纬40° 29′ 9″ ~ 40° 33′ 35″。保护区前身为1963年4月成立的松山林场，1985年经北京市政府批准为市级自然保护区，1986年经国务院批准为森林和野生动物类型的国家级自然保护区。

区内地形复杂，地势北高南低。最高海拔2198.4m，最低海拔627.6m。生态环境多样，植物种类丰富，具有明显的垂直分布规律。保护区总面积4671hm^2，虽然只占北京市总面积的0.28%，但植物种类却占北京市植物种类的40%以上。据统计，保护区有维管束植物109科435属816种及变种。

松山丰富的森林植物资源受到国内外学者的关注，至今已有北京大学、北京林业大学、首都师范大学、北京师范大学、中国科学院、中国林业科学研究院、北京中医药大学等单位的专家、学者对保护区内的植被进行调查，先后发表学术论文60余篇。

随着生态文明受到政府高度重视，越来越多的人开始走进自然，关注野生动植物资源的保护。因此，出版一本直观易懂、图文并茂，集知识性、科普性和实用性于一体的《北京松山常见物种资源图谱》十分必要。

《北京松山常见物种资源图谱》由北京市园林绿化国际合作项目管理办公室和松山国家级自然保护区组织编写，共收集松山常见植物270种、鸟类83种、哺乳动物13种、爬行动物4种、两栖动物1种、昆虫159种。每个物种配有原色彩色照片。

由于编者业务水平和能力有限，书中难免有错漏之处，欢迎读者批评指正。

编者

2013年2月26日

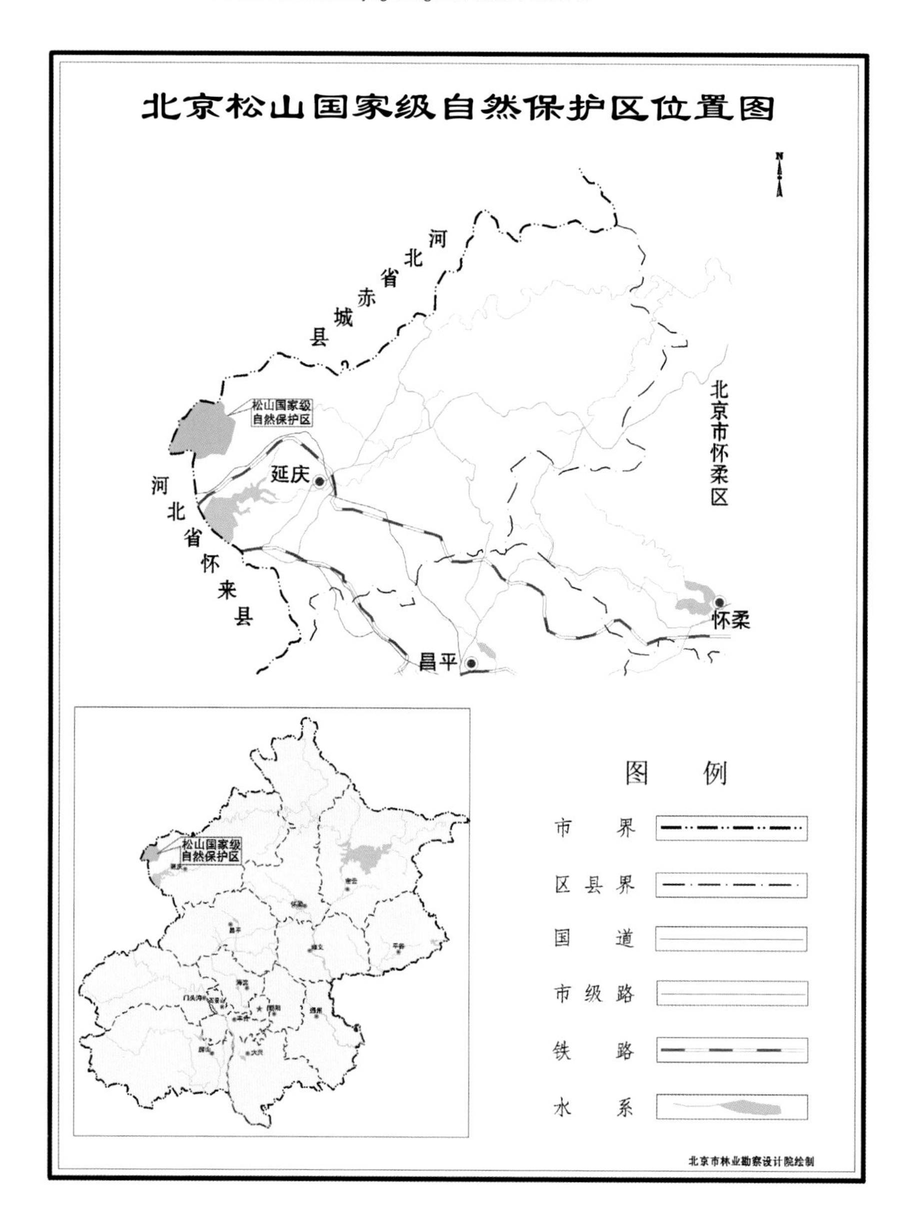

北京松山国家级自然保护区概况

北京松山国家级自然保护区位于北京市西北部延庆县境内，距市区90km，距延庆县城25km。地理坐标为东经115° 43′ 44″ ~115° 50′ 22″，北纬40° 29′ 9″ ~40° 33′ 35″，面积4671hm²。地势北高南低，海拔695~2190m。西、北分别与河北省怀来县和赤城县接壤，东、南分别与延庆县张山营镇佛峪口、水

峪等村相邻。保护区有一行政村，即延庆县张山营镇西大庄科村。松山自然保护区成立于1985年。1986年经国务院批准为森林和野生动物类型的国家级自然保护区。

1. 植被现状

保护区森林覆盖率为87.65%，林木绿化率94.78%。主要树种有油松、白桦、蒙古栎等。保护区具有华北地区难得的保存良好的成片的天然油松林，具有极大的科研保护价值。保护区海拔高差大，区内的植被具有明显的垂直地带性，属华北山区植被的典型代表。植被类型划分为针叶林、阔叶林、针阔混交林、灌丛、草甸5个植被型组、6个植被型、20个群系和29个群丛。

2. 植物资源现状

保护区有维管束植物109科435属816种及变种，其中蕨类植物14科18属25种，种子植物95科417属791种。野生植物资源中，有国家二级保护植物2种，即野大豆（*Glycine soja*）和黄檗（*Phellodendron amurense*）。北京市一级重点保护野生植物4种，分别为北京水毛茛（*Batrachium pekinense*）、杓兰（*Cypripedium calceolus*）、紫点杓兰（*C. guttatum*）和大花杓兰（*C. macranthum*）。北京市二级重点保护野生植物有草麻黄（*Ephedra sinica*）、脱皮榆（*Ulmus lamellosa*）、杜松（*Juniperus rigida*）等48种。目前松山地区分布的、具有入侵倾向的植物有7种，分别是大麻（*Cannabis sativa*）、反枝苋（*Amaranthus retroflexus*）、白花草木犀（*Melilotus albus*）、刺槐（*Robinia pseudoacacia*）、野西瓜苗（*Hibiscus trionum*）、裂叶牵牛（*Pharbitis hederacea*）和蟋蟀草（*Eleusine indica*）。保护区现有苔藓28科62属115种，大型菌类资源有3纲6目23科55种。

3. 动物资源现状

保护区有脊椎动物68科216种及变种，其中兽类15科29种，鸟类44科158种及亚种，爬行类5科15种，两栖类2科2种，鱼类2科12种。在现有的脊椎动物中，豹、金雕、白肩雕、黑鹳被列为国家一级保护野生动物，苍鹰、雀鹰、松雀鹰、普通鵟、红脚隼、红隼、斑羚、勺鸡、燕隼、长耳鸮、红角鸮、雕鸮、领角鸮等13种被列为国家二级保护野生动物，狐、貉、果子狸等14种被列为市一级保护野生动物，刺猬、草兔、黄鼬等50种为市二级保护野生动物。保护区昆虫种类共16目77科540种。

北京松山国家级自然保护区植被图

国家林业局调查规划设计院　　1:50000

北京松山国家级自然保护区植被类型

植被类型分为针叶林、阔叶林、针阔混交林、灌丛、草甸等5个植被型组、6个植被型、20个群系、29个群丛。

1. 寒温性针叶林

华北落叶松林群系

华北落叶松主要分布于大庄科东侧与北侧山坡，分布海拔1000~1200m；坡度10~20°；坡向以北、东北、南为主。华北落叶松平均树高10.14m，平均胸径12.25cm，相对密度37.63，相对高度52.48。伴生的乔木树种有蒙古栎、山丁子、春榆、大果榆、黑桦、元宝枫、丁香。伴生的灌木树种有三椏绣线菊、胡枝子、大花溲疏、雀儿舌头、土庄绣线菊、南蛇藤、金雀儿、小叶鼠李；伴生的草本植物有等齿委陵菜、大油芒、绢毛匍匐委陵菜、龙芽草、羊胡子薹草、异叶败酱、蝇子草、篦苞风毛菊、斑叶堇菜。

主要群丛有1个类型，即华北落叶松—三裂绣线菊+土庄绣线菊—委陵菜。

2. 温性针叶林

油松林群系

松山油松林群落分布在实验区的塘子沟内，分布海拔800~1400m；坡度0~40°。坡向以东、东南为主，其他次之。油松平均树高10.96m，平均胸径17.74cm，相对密度70.54，相对高度73.29。油松林中伴生的乔木树种有山杏、大果榆、大叶白蜡、丁香、核桃楸；伴生的灌木树种有大花溲疏、胡枝子、木本香薷、雀儿舌头、三裂绣线菊、三桠绣线菊、小花溲疏、土庄绣线菊、金雀儿、荆条、毛叶丁香、山楂叶悬钩子；伴生的草本植物有透骨草、莓叶委陵菜、秋苦荬菜、野海茄、蓝萼香茶菜、篦苞风毛菊、大油芒、唐松草、小红菊、铁杆蒿、野青茅、披针叶薹草、紫菀。

主要群丛有4个类型，即油松—大花溲疏+小花溲疏—羊胡子薹草、油松—三裂绣线菊—唐松草、油松—毛叶丁香、油松—胡枝子—香茶菜+委陵菜。

3. 落叶阔叶林

（1）白桦林群系

松山白桦林主要分布在长虫沟、大西沟、兰角沟一带，分布海拔1100~1800m，坡度10~30°，坡向以西南坡为主，西北坡和南坡次之；建群种白桦树平均树高12.15m，平均胸径16.80cm，相对密度74.83，相对高度83.00。伴生的乔木树种有五角枫、落叶松、黄花柳和黑桦；伴生的灌木树种有北京花楸、大花溲疏、短尾铁线莲、杭子梢、红丁香、胡枝子、鸡树条荚蒾、金花忍冬、六道木、毛叶丁香、毛榛、美蔷薇、山楂叶悬钩子、陕西荚蒾、土庄绣线菊、小花溲疏、小叶鼠李、照山白；伴生的草本植物有矮紫苞鸢尾、糙苏、草乌头、长瓣铁线莲、穿山龙、等齿委陵菜、东亚唐松草、短毛独活、华北耧斗菜、鸡腿堇菜、宽叶薹草、蓝萼香茶菜、藜芦、林荫千里花、龙须菜、龙芽草、乌苏里风毛菊、秋苦荬菜、牛蒿、展枝沙参、银背风毛菊、羊胡子薹草、鸭葱、玉竹、细叶薹草、狭苞橐吾等。

主要群丛有2个类型，即白桦—土庄绣线菊—羊胡子薹草、白桦—毛榛—乌苏里风毛菊+细叶薹草。

（2）暴马丁香林群系

暴马丁香在保护区分布较广，以混交类型居多，分布海拔1100~1300m；坡度20~40°；坡向以西北为主，东北次之。暴马丁香平均树高5.53m，平均胸径8.71cm，相对密度55.88，相对高度55.56。伴生的乔木树种有五角枫、山杏、平榛、糠椴、核桃楸、大叶白蜡、大果榆、春榆、暴马丁香；伴生的灌木树种有大花溲疏、胡枝子、雀儿舌头、柔毛绣线菊、三桠绣线菊、山楂叶悬钩子、小叶鼠李；伴生的草本植物有白薇、篦苞风毛菊、糙苏、柴胡、大戟、大野豌豆、大叶铁线莲、蓝萼香茶菜、莓叶委陵菜、龙芽草、老鹳草、猫眼草、披针叶薹草、盘果菊、裂叶堇菜、茜草。

主要群丛有2个类型，即暴马丁香—绣线菊—细叶薹草、暴马丁香—大花溲疏—大油芒。

（3）**大果榆林**

大果榆林主要分布于长虫沟和兰角沟内，分布海拔900~1700m；坡度0~40°；坡向以东北为主，东南次之，其它更次之。大果榆平均树高21.16m，平均胸径28.47cm，相对密度8.11，相对高度7.33；伴生的乔木树种有五角 枫、山丁子、蒙古栎、暴马丁香。群系中伴生的灌木树种有小花溲疏、大花溲疏、东陵八仙花、胡枝子、三桠绣线菊、土庄绣线菊、雀儿舌头、柔毛绣线菊、五味子、平榛。伴生的草本植物有草乌头、叉分蓼、等齿委陵菜、景天三七、宽叶薹草、蓝萼香茶菜、东亚唐松草、华北风毛菊、披针叶薹草、三叶委陵菜、羊胡子薹草、细叶薹草、野青茅、银背风毛菊、玉竹。

主要群丛有4个类型，即大果榆—绣线菊—细叶薹草、大果榆—小花溲疏—披针叶薹草、大果榆—胡枝子—野青茅、大果榆—平榛—细叶薹草。

（4）**核桃楸林群系**

核桃楸林主要集中分布在庄户台子一带，塘子沟内及保护区停车场至大庄科村公路两侧有少量分布。分布海拔700~1100m；坡度0~30°；坡向以东南为主，西和东北次之，其他更次之。核桃楸平均树高10.79m，平均胸径14.97cm，相对密度67.81，相对高度75.32。伴生的乔木树种有大叶白蜡、油松、椴树、大果榆、春榆、暴马丁香、山杨、山杏。伴生的灌木树种有大花溲疏、红花锦鸡儿、蚂蚱腿子、山楂叶悬钩子、雀儿舌头、小花溲疏、三桠绣线菊、土庄绣线菊、小叶鼠李。伴生的草本植物有白屈菜、草乌、大叶铁线莲、蓝萼香茶菜、龙芽草、莓叶委陵菜、盘果菊、秋苦荬菜、莎草、野大豆。

主要群丛有3个类型，即核桃楸—小叶鼠李、核桃楸—小花溲疏、核桃楸—毛叶丁香。

（5）**黑桦林群系**

黑桦林主要分布长虫沟、大西沟、塘子沟和兰角沟带，分布海拔1000~1600m；坡度10~40°；坡向以东北、东南为主，北、西北、东、南次之。黑桦平均树高

10.32m，平均胸径11.96cm，相对密度39.91，相对高度44.61。伴生的乔木树种有五角枫、白桦、大果榆、鹅耳枥、糠椴、蒙古栎、蒙椴、元宝枫、山杨、春榆。伴生的灌木树种有迎红杜鹃、东亚唐松草、毛榛、土庄绣线菊、小花溲疏、三裂绣线菊、柔毛绣线菊、蒙古荚蒾、沙棘。伴生的草本植物有糙苏、等齿委陵菜、华北风毛菊、宽叶薹草、披针叶薹草、三脉紫菀、细叶薹草、银背风毛菊、羊胡子薹草、玉竹、舞鹤草。

主要群丛有3个类型，即黑桦—绣线菊—披针叶薹草、黑桦—六道木—银背风毛菊、黑桦—毛榛—披针叶薹草。

（6）蒙古栎林群系

蒙古栎主要分布在保护区温泉、塘子沟及长虫沟一带，分布海拔700~1800m；坡度10~40°；坡向以东为主，西北、西南、北、东北次之。蒙古栎平均树高6.85m，平均胸径13.23cm，相对密度66.59，相对高度66.51。伴生的乔木树种有大果榆、春榆、大叶白蜡、五角枫、黑桦、鹅耳枥、蒙椴、核桃楸。伴生的灌木树种有大花溲疏、胡枝子、平榛、柔毛绣线菊、三裂绣线菊、蚂蚱腿子、蛇葡萄、北五味子、金花忍冬。伴生的草本植物有苍术、等齿委陵菜、宽叶薹草、轮叶沙参、披针叶薹草、唐松草、细叶薹草、羊胡子薹草、野青茅、银背风毛菊、玉竹、小红菊。

主要群丛有3个类型，即蒙古栎—大花溲疏—披针叶薹草、蒙古栎—绣线菊—细叶薹草、蒙古栎—胡枝子—野青茅。

（7）山杏林群系

山杏在保护区分布较广，长虫沟、塘子沟有成片林分，分布海拔1000~1100m；坡度10~30°；坡向西南为主，东南次之。山杏平均树高2.1m，平均胸径5.53cm，相对密度86.66，相对高度87.22。群系中伴生的灌木树种有大花溲疏、丁香、多花胡枝子、柔毛绣线菊、葎叶蛇葡萄、雀儿舌头、三桠绣线菊、欧李。伴生的草本植物有苍术、大油芒、蒙古蒿、铁杆蒿、细叶薹草、西伯利亚远志、小花糖芥、北柴胡、野青茅、隐子草等。

主要群丛有2个类型，即山杏—大花溲疏—细叶薹草、山杏林—小叶鼠李—细叶薹草。

（8）山杨林群系

山杨林在塘子沟、冷风窝沟、长虫沟、兰角沟、大西沟均有分布，分布海拔900~1300m；坡度0~40°；坡向以东、东南为主，北、西北、西次之。山杨平均树高10.65m，平均胸径10.61cm，相对密度79.28，相对高度84.30。林中伴生的乔木树种有春榆、大果榆、大叶白蜡、蒙椴、脱皮榆、油松、核桃楸、山丁子。伴生的灌木树种有胡枝子、毛叶丁香、三桠绣线菊、小花溲疏、土庄绣线菊、柔毛绣线菊、圆叶鼠李、平榛等。伴生的草本植物有苍术、达乌里风毛菊、大油芒、东亚唐松草、绢毛匍匐委陵菜、龙芽草、披针叶薹草、秋苦荬菜、羊胡子薹草、银背风毛菊、玉竹等。

主要群丛有5个类型，即山杨—溲疏—羊胡子薹草、山杨—六道木—羊胡子薹草、山杨—胡枝子—羊胡子薹草、山杨林—毛叶丁香—羊胡子薹草、山杨—绣线菊—大油芒。

（9）**脱皮榆林群系**

脱皮榆主要分布于长虫沟内，分布海拔1200~1300m；坡度20~30°；坡向分布在东南。脱皮榆平均树高9.37m，平均胸径10.18cm，相对密度85.41，相对高度83.40。群系中伴生的灌木树种有大花溲疏、裂叶榆、毛叶丁香、太平花、小花溲疏、榆叶梅。伴生的草本植物有白花碎米荠、北京堇菜、篦苞风毛菊、短尾铁线莲、三脉紫菀、山楂叶悬钩子、有柄石尾、野青茅、石沙参、玉竹。

（10）**元宝枫林群系**

主要分布在塘子沟、长虫沟、大西沟内，以混交类型存在，分布海拔1200~1300m；坡度30~40°。坡向以西南为主。元宝枫平均树高8.84m，平均胸径15.12cm，相对密度49.15，相对高度47.05。林中伴生的乔木树种有糠椴、黑桦、核桃楸、春榆。伴生的灌木树种有金花忍冬、六道木、毛叶丁香、毛榛、平榛、土庄绣线菊。伴生的草本植物有糙苏、草乌头、等齿委陵菜、堇菜、藜芦、蔓假繁缕、深山堇菜、小红菊、玉竹。

4. 落叶阔叶灌丛

（1）**荆条灌丛群系**

分布海拔700~800m；坡度0~10°。坡向东南为主。平均高度1.62m，相对密度73.58，相对频度33.33，相对高度82.85，相对盖度76.68；荆条灌丛中伴生的灌木树种有金雀儿、木本香薷、雀儿舌头、大果榆。伴生的草本植物有阿尔泰狗娃花、白莲蒿、莓叶委陵菜、石生蝇子草、腺毛委陵菜、石竹、兴安胡枝子、羊胡子薹草、猪毛蒿、北柴胡。

（2）**红丁香灌丛群系**

分布海拔2100~2200m；坡度20~40°；坡向以南为主。平均高度1.57m，相对密度84.66，相对频度75，相对盖度91.81，相对高度94.24。灌丛中伴生的灌木树种有金露梅。伴生的草本植物有白莲蒿、瓣蕊唐松草、糙叶败酱、叉分蓼、大头风毛

菊、蒙古蒿、蓬子菜、穗花马先蒿、铁丝草、小红菊、小米草、银背风毛菊。

（3）**金露梅灌丛群系**

分布海拔2100~2200m；坡度30~40°。坡向以南为主。平均高度0.57m，相对密度92.92，相对频度66.66，相对高度86.34，相对盖度73.21；金露梅灌丛中伴生的灌木树种有红丁香。伴生的草本植物有白莲蒿、瓣蕊唐松草、翠菊、地榆、穗花马先蒿、铁丝草、小红菊、糙叶败酱、蓬子菜、北柴胡、鼠掌老鹳草。

5．草甸

（1）**叉分蓼草甸群系**

分布海拔2100~2200m。叉分蓼平均高度1.2m，相对密度48.38，相对频度14.28，相对盖度52.94，相对高度60.81。叉分蓼草甸中伴生的草本植物有地榆、穗花马先蒿、瓣蕊唐松草、柳兰、白莲蒿。

（2）**大头风毛菊草甸群系**

分布海拔2100~2200m。大头风毛菊平均高度0.53m，相对密度16.87，相对频度5.55，相对高度30.86，相对盖度33.03。大头风毛菊草甸中伴生的草本植物有瓣蕊唐松草、小米草、小红菊、花葱、胭脂花、薹草、拳蓼、地榆、穗花马先蒿、白莲蒿、北柴胡、银莲花。

（3）**柳兰草甸群系**

分布海拔2100~2200m。柳兰平均高度1.5m，相对密度88.88，相对频度25，相对高度94.04，相对盖度95.95。柳兰草甸中伴生的草本植物有白莲蒿、拳蓼。

（4）**薹草草甸群系**

分布海拔2000~2300m。薹草平均高度0.18m，相对密度18.77，相对频度6.84，相对高度13.24，相对盖度44.38。薹草草甸中伴生的草本植物有瓣蕊唐松草、大头风毛菊、蓬子菜、白莲蒿、糙叶败酱、北柴胡、大叶龙胆、火绒草、翠雀、穗花马先蒿、小丛红景天、委陵菜、岩青兰。

（5）**银背风毛菊草甸群系**

分布海拔2100~2200m。银背风毛菊平均高度0.14m，相对密度25.23，相对频度7.69，相对高度15.66，相对盖度36.69。银背风毛菊草甸中伴生的草本植物有羊胡子薹草、穗花马先蒿、披针叶薹草、垂穗鹅观草、瓣蕊唐松草、大瓣铁线莲、大头风毛菊、花锚、拳蓼、蓬子菜、白莲蒿。

北京松山常见物种资源图谱

Flora and Fauna in Beijing Songshan Nature Reserve

第一章
北京松山植物

Chapter One: Plants in Beijing Songshan

蔓出卷柏

拉丁名 *Selaginella davidii* 卷柏科 Selaginellaceae

［形态特征］多年生草本，淡绿色。茎略呈四棱形，匍匐，随处生根，分枝腹背扁平。背腹各二列，腹叶（中叶）指向枝顶，长卵形，锐尖头或渐尖头，背叶（侧叶）水平开展与分枝成直角，长圆状斜卵形或卵形，常内卷，基部为不明显心形，先端钝或微斜尖，边缘有狭白边及微细锯齿；腹叶较小，贴生于分枝，卵状披针形或卵形，基部斜形有耳，先端具长刚毛，边缘有狭白边及微细锯齿。小穗无柄生于分枝先端，稍呈圆锥形；孢子叶卵状披针形，先端长尾状渐尖，边缘具微细锯齿，背面有锐龙骨突起。

［分布及生境］生于阴坡灌草丛中。

问　荆

拉丁名 *Equisetum arvense*　英文名 Toad Pipes　木贼科 Equisetaceae

［形态特征］多年生草本。根茎匍匐生根。地上茎直立，2型。营养茎在孢子茎枯萎后生出，高15~60cm。叶退化，下部联合成鞘，鞘齿披针形，黑色，边缘灰白色，膜质；分枝轮生，中实。孢子茎早春先发，常为紫褐色，肉质，不分枝，鞘长而大。孢子囊穗5~6月抽出，顶生；孢子叶六角形，盾状着生，螺旋排列，边缘着生长形孢子囊。孢子1型。

［分布及生境］生于溪边或阴谷。

［用途］全草作药用，具利尿、止血、消热、止咳等功效。

荚果蕨

拉丁名 *Matteuccia struthiopteris* 英文名 Matteuccia 球果蕨科 Onocleaceae

[形态特征] 多年生草本，高40~60cm。根状茎短而直立。叶2型，丛生成莲座状。营养叶披针形或长椭圆形，一回羽状，羽片40~60对，线状披针形，具多数长圆形裂片，孢子叶为狭倒披针形，一回羽状，羽片两侧向背面反成荚果状，深褐色。孢子囊群圆形，具膜质囊群盖。

[分布及生境] 生于林下或山谷阴湿处。去往观鸟平台的石质台阶处有分布。

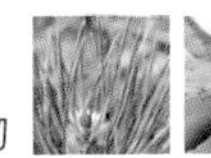
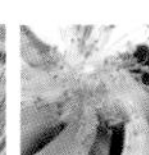

有柄石韦

拉丁名 *Pyrrosia petiolosa*　英文名 Petiolate Pyrrosia　水龙骨科 Olypodiaceae

[形态特征] 多年生草本，高5~20cm。根状茎长而横走，密生棕褐色鳞片。叶远生，2型，营养叶短小，长圆形，全缘，背面密被灰褐色星状毛；孢子叶叶片长圆状披针形，常内卷成筒状。孢子囊群深棕色，圆形，成熟时满布孢子叶背面。

[分布及生境] 生于较干旱的山坡岩石上。

[用途] 全草入药，有消炎利尿、清湿除热之效。

华北落叶松

拉丁名 *Larix principis-rupprechtii* 英文名 Prince Rupprecht Larch 松科 Pinaceae

［形态特征］落叶乔木，高达30m。树冠圆锥形，树皮灰褐色，呈不规则鳞状裂开。枝条平展，具长短枝。叶在短枝上簇生，窄条形，扁平，秋天变黄脱落。雌雄同株，球花单生短枝顶端。球果卵球形，初时紫红色，熟时黄棕色，开裂。授粉期4~5月，种子成熟期9~10月。

［分布及生境］保护区游客中心门口有1株。

油　松

拉丁名 *Pinus tabuliformis*　英文名 Chinese Pine　松科 Pinaceae

[形态特征] 常绿乔木，高达25m。树皮灰棕色，呈鳞片状开裂，裂缝红褐色。叶2针1束；叶鞘宿存。雌雄同株，雄球花橙黄色，雌球花绿紫色。当年小球果的种鳞顶端有刺，球果卵形，鳞脐有刺。花期4~5月；果次年9~10月成熟。

[分布及生境] 生于平地或向阳山坡上，北京地区仅松山保护区有天然油松林分布。

侧 柏

拉丁名 *Platycladus orientalis* 英文名 Chinese Arborvitae 柏科 Cupressaceae

[形态特征] 常绿乔木，高达20m。干皮淡灰褐色，条片状纵裂。小枝排成平面。全部鳞叶，叶2型，中央叶倒卵状菱形，背面有腺槽，两侧叶船形，中央叶与两侧叶交互对生，雌雄同株异花，雌雄花均单生于枝顶。球果阔卵形，近熟时蓝绿色被白粉，种鳞木质，红褐色，种鳞4对，熟时张开，种子卵形，灰褐色，无翅，有棱脊。花期4~5月，种熟期9~10月。

[分布及生境] 保护区停车场周边及山坡上有生长。

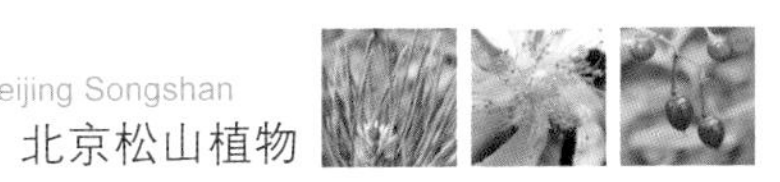

草麻黄

拉丁名 *Ephedra sinica* 麻黄科 Ephedraceae

[形态特征] 矮小灌木，高20~40cm；无明显木质茎，由木质根茎上生出枝条，小枝绿色，对生或轮生，节间长3~5cm。叶膜质鞘状，顶端常2裂。雄球花有多数雄花，淡黄色，每花有雄蕊7~8；雌球花单生于枝顶，绿色，有苞片4对，雌花2。雌球花成熟时苞片肉质，红色，长卵圆形或近球形；种子2粒。花期5月，果期7月。

[分布及生境] 生于丘陵山地、干旱草原、荒滩及沙丘等地。

[用途] 用于治疗风寒感冒，胸闷喘咳，风水浮肿，支气管哮喘。

山 杨

拉丁名 *Populus davidiana* 英文名 Wild Poplar 杨柳科 Salicaceae

［形态特征］落叶大乔木，高达25m。树皮光滑，灰白色，皮孔显著。芽卵形，无毛。单叶互生，叶柄侧扁，叶片三角状卵圆形或近圆形，边缘有密波状浅齿，刚放叶时呈红色。花先叶开放，单性异株，柔荑花序。蒴果卵圆形，2瓣裂。花期4~5月，果期5~6月。

［分布及生境］生于山坡杂木林内。

［用途］木材白色、轻软，供造纸及建筑等用；树皮可作药用，幼枝和叶可为动物饲料；幼叶红艳美观，可作观赏树。

核桃楸

拉丁名 *Juglans mandshurica*　英文名 Manchurian Walnut　胡桃科 Juglandaceae

[形态特征] 落叶乔木，高达20余米；树皮灰色或暗灰色，浅纵裂；小枝粗壮，髓部薄片状。叶互生，奇数羽状复叶，小叶9~17，椭圆形至长椭圆形或卵状椭圆形至椭圆状披针形，边缘具细锯齿，先端渐尖，基部偏斜，截形至近心形。雄柔荑花序下垂，具12枚雄蕊；雌花序穗状，生于新枝顶，直立，具4~10雌花。核果卵圆形或椭圆形，外果皮密被腺毛，果核具8条纵脊及雕刻状花纹。花期5月，果期8~9月。

[分布及生境] 生于阴坡或沟谷等地。保护区内管理处办公楼、停车场、温泉周边有分布。

[用途] 种仁：敛肺定喘，温肾润肠。用于体质虚弱，肺虚咳嗽，肾虚腰痛，便秘，遗精，阳痿，尿路结石，乳汁缺少。青果：止痛。用于胃、十二指肠溃疡，胃痛；外用治神经性皮炎。树皮：清热解毒。用于细菌性痢疾、骨结核、麦粒肿。

红　桦

拉丁名 *Betula albo-sinensis*　　桦木科　Betulaceae

［形态特征］大乔木，高可达30m；树皮淡红褐色或紫红色，有光泽和白粉，呈薄层状剥落，纸质；枝条红褐色，无毛；小枝紫红色，无毛，有时疏生树脂腺体。叶卵形或卵状矩圆形，边缘具不规则的重锯齿，上面深绿色，无毛或幼时疏被长柔毛，下面淡绿色，密生腺点，沿脉疏被白色长柔毛。雄花序圆柱形，无梗；苞鳞紫红色，仅边缘具纤毛。果序圆柱形，单生或同时具有2~4枚排成总状，长 3~4cm，直径约1cm；序梗纤细，疏被短柔毛；果苞中裂片矩圆形或披针形，顶端圆，侧裂片近圆形，长及中裂片的1/3。小坚果卵形，上部疏被短柔毛，膜质翅宽及果的1/2。

［分布及生境］生长在海拔1600~2700m的山坡。

白 桦

拉丁名 *Betula platyphylla* 桦木科 Betulaceae

[形态特征] 落叶乔木，高可达25m，树干端直。白色纸状树皮，分层脱落；小枝细。叶三角状卵形，边缘有不规则重锯齿，侧脉5~8对，少量有毛或无毛。先叶开花，单性，雌雄同株，柔荑花序。圆柱形果序单生下垂；坚果小而扁，两侧具有宽翅。花期5~6月；果期8~10月。

[分布及生境] 白桦喜光、耐寒，生长在海拔400~4100m的地区，见于落叶阔叶林、山坡、林中及针阔叶混交林中。

平　榛

拉丁名 *Corylus heterophylla*　英文名 Siberia Filbert　桦木科 Betulaceae

［形态特征］落叶灌木或小乔木，高1~3m。叶互生，椭圆形，基部心形，先端近截形，中央具三角形突尖，边缘重锯齿，中部以上裂片明显，背面被柔毛。花单性同株，雄花序2~5个腋生，雌花2~4个，生于枝顶。坚果近球形，总苞钟状，具脉纹，半包坚果。花期4~5月，果期8~10月。

［分布及生境］常丛生于裸露向阳坡地或林缘低平处，海拔400m以上。

［用途］坚果为著名干果，可食用或榨油。

毛 榛

拉丁名 *Corylus mandshurica* 桦木科 Betulaceae

［形态特征］丛生，多分枝。树皮灰褐色或暗灰色，龟裂。幼枝黄褐色，密被长柔毛。叶宽卵形或矩圆状倒卵形，先端具5~9(11)裂片，中央的裂片常呈短尾状，基部心形，边缘具不规则的重锯齿，上面深绿色，下面淡绿色，幼时两面疏被柔毛，侧脉5~7对，叶柄稍细长。雌雄同株。雄柔荑花序2~3(4)枚生于叶腋，下垂，无花被，雄蕊4~8；雄花序头状，2~4枚生于枝顶或叶腋。坚果单生或2~5(6)枚簇生，常2~3枚发育为果实；果苞管状，在果上部收缩，外被黄色刚毛及白色短柔毛，先端有不规则的裂片。坚果近球形。花期4~5月，果期9~10月。

［分布及生境］生山地阴坡丛林间。

大果榆

拉丁名 *Ulmus macrocarpa* 英文名 Spring Elm 榆科 Ulmaceae

[形态特征] 落叶乔木，高达10m。树皮灰黑色，浅裂。小枝、叶片、果实密被粗毛，小枝常有两条规则的木栓翅。叶互生，倒卵形或椭圆形，革质，基部偏斜，边缘具重锯齿，侧脉明显。花小，簇生于上年生枝。翅果宽卵形，种子位于中部。花期4~5月，果期5~6月。

[分布及生境] 生于向阳山坡、沟谷等地。回声崖处有生长。

葎 草

拉丁名 *Humulus scandens* 英文名 Japanese Hop 大麻科 Cannabinaceae

[形态特征] 多年生草质藤本，匍匐或缠绕。成株茎长可达5m，茎枝和叶柄上密生倒刺。叶对生，掌状3~7裂，裂片卵形或卵状披针形，叶缘有锯齿。花腋生，雌雄异株，雄花呈圆锥状柔荑花序，花黄绿色细小，萼5裂，雄蕊5枚；雌花为球状的穗状花序，由紫褐色且带点绿色的苞片所包被，苞片的背面有刺。聚花果绿色，近松球状；单个果为扁球状的瘦果。花期5~10月，果期8~11月。

[分布及生境] 生于山坡、潮湿处。

[用途] 清热解毒，利尿消肿。用于治疗肺结核潮热，肠胃炎，痢疾，感冒发热，小便不利，肾盂肾炎，急性肾炎，膀胱炎，泌尿系结石；外用治痈疖肿毒，湿疹，毒蛇咬伤。

蝎子草

拉丁名 *Girardinia cuspidata* 英文名 Scorpion Grass 荨麻科 Urticaceae

［形态特征］一年生草本，高达1m。茎直立，具条棱，伏生糙硬毛及螫毛。单叶互生，卵圆形，具3脉，叶缘具粗锯齿或裂片，叶腋无珠芽。花单性同株；雄花序生于茎下部，雌花序生于茎上部。瘦果两面凸出，具疣状突起。花期7~8月，果期8~10月。

［分布及生境］生于山坡阔叶疏林内岩石间、林缘地及山沟边阴处。

宽叶荨麻

拉丁名 *Urtica laetevirens*　　英文名 Broadleaf Nettle　　荨麻科 Urticaceae

［形态特征］多年生草本，高30~100cm。具螫毛。单叶对生，卵形，先端渐尖成尾状，叶缘具锐锯齿，主脉3条。花单性同株，4基数；雄花序长，生于茎上部叶腋，雌花序短，生于茎下部叶腋。瘦果卵形，具疣状突起。花期7~8月，果期8~9月。

［分布及生境］生于林缘、灌丛、林下沟边阴湿处。

萹　蓄

拉丁名 *Polygonum aviculare*　　蓼科 Polygonaceae

［形态特征］一年生草本，高10~40cm，常有白粉；茎丛生，匍匐或斜升，绿色，有沟纹。叶茎生，叶片线形至披针形，顶端钝或急尖，基部楔形，近无柄；托叶鞘膜质，下部褐色，上部白色透明，有明显脉纹。花1~5朵簇生叶腋，露出托叶鞘外，花梗短，基部有关节；花被5深裂，裂片椭圆形，暗绿色，边缘白色或淡红色；雄蕊8；花柱3裂。瘦果卵形，长2mm以上，表面有棱，褐色或黑色，有不明显的小点。花果期5~10月。

［分布及生境］生于田野、路旁。

酸模叶蓼

拉丁名 *Polygonum lapathifolium*　英文名 Dockleaved Knotweed　蓼科 Polygonaceae

［形态特征］一年生草本，高40~90cm。茎直立，节部膨大。单叶互生，披针形或长圆形，全缘，表面常有新月形黑斑。由数个总状花序穗构成圆锥花序，多花；花被粉红色或白色，常4裂。瘦果扁圆卵形，外被宿存花被。花期5~7月，果期6~9月。

［分布及生境］生于沟边、路旁、林缘等潮湿处。

［用途］全草入药，清热解毒。

支柱蓼

拉丁名 *Polygonum suffultum* 蓼科 Polygonaceae

[形态特征] 多年生草本，高10~40cm。茎细弱，通常3~5簇生于根状茎上。基生叶有长柄，可达15cm，叶卵形，基部心形，全缘；托叶鞘膜质，黄褐色。花序穗状，顶生或腋生；苞片膜质；花白色，花被5深裂，裂片椭圆形；雄蕊8枚，与花被近等长。瘦果卵形，有3锐棱。花期5~10月，果期7~11月。

[分布及生境] 生于林荫下潮湿处或溪沟边。

[用途] 功能主治胃痛、崩漏、跌打损伤、腰痛、外伤出血。

戟叶蓼

拉丁名 *Polygonum thunbergii* 英文名 Halbertleaf Knotweed 蓼科 Polygonaceae

［形态特征］一年生草本，高30~90cm。茎四棱形，沿棱有倒生刺。单叶互生，戟形，基部两侧具耳状裂片，两面有毛。总状花序成头状，每苞片内生1~2花；花被5裂，白色或粉红色。瘦果三棱状卵形，黄褐色，外被宿存的花被。花期7~9月，果期8~10月。

［分布及生境］生于湿草地及水边。保护区温泉处有成片分布。

巴天酸模

拉丁名 *Rumex patientia*　　英文名 Patient Dock　　蓼科 Polygonaceae

［形态特征］多年生草本，高1~1.5m。根肥大。茎粗壮，上部分枝，具深沟槽。基生叶长圆状披针形，基部圆形或近心形，叶缘波状，茎生叶较小。大型圆锥花序；花被片6，内轮3片果时增大。瘦果三棱形，包于宿存花被内。花期5~8月，果期6~9月。

［分布及生境］生于村边、路旁、潮湿地和水沟边。

［用途］根入药，可清热解毒、活血化瘀。

卷 耳

拉丁名 *Cerastium arvense* 英文名 Mouseear 石竹科 Caryophyllaceae

[形态特征] 多生年草本，高10~30cm。叶对生，叶片线状披针形或长圆状披针形。二歧聚伞花序顶生，有花3~7朵；萼片5，长圆状披针形，花瓣5，白色，倒卵形，长为萼片的2倍，先端2浅裂，雄蕊10，花柱5。蒴果圆筒状，禾秆色。花果期5~7月。

[分布及生境] 生于山坡草地或山沟。

[用途] 功能主治清热解表，降压，解毒。用于感冒发热，高血压；外用治乳腺炎，疔疮。

石 竹

拉丁名 *Dianthus chinensis* 英文名 Chinese Pink 石竹科 Caryophyllaceae

［形态特征］多年生草本，株高30~40cm，直立簇生。叶对生，条形或线状披针形，全缘。花单朵或数朵簇生于茎顶，形成聚伞花序；花萼筒圆形，花瓣5，紫红、粉红或白色，先端锯齿状，基部具长爪，雄蕊10，花柱2。蒴果矩圆形或长圆形，先端4裂。花期5~6月，果期7~9月。

［分布及生境］生于向阳山坡和林缘灌丛中。

［用途］全草入药，有清热、利尿、活血、通经之功效。

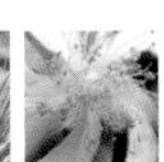

瞿　麦

拉丁名 *Dianthus superbus*　英文名 Fringed Pink　石竹科 Caryophyllaceae

［形态特征］多年生草本，茎丛生，高30~50cm。叶对生，线状披针形，全缘。花单生枝顶或数朵成聚伞花序；苞片2~3对，花萼筒状，花瓣5，淡红色，瓣片边缘细裂成流苏状，喉部有须毛，基部具长爪，雄蕊10，花柱2。蒴果狭圆筒形。花期7~8月，果期8~10月。

［分布及生境］生于山坡草地、林缘、疏林下或亚高山草甸上。

［用途］全草入药，有清热、利尿、活血、通经效用。

大花剪秋罗

拉丁名 *Lychnis fulgens* 石竹科 Caryophyllaceae

［形态特征］多年生草本。茎直立，单一或上端稍分枝。全株被较长柔毛。叶对生，无柄，叶卵状长圆形或卵状披针形。聚伞花序，花为深鲜红色，花瓣5，先端 2 深裂，顶端略具细齿。蒴果长卵形，顶端5齿裂。花期6~9月，果期8~10月。

［分布及生境］生于林下，林缘灌丛间。

［用途］观赏。

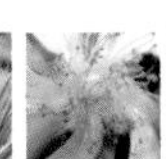

异花假繁缕

拉丁名 *Pseudostellaria heterantha*　英文名 Different Flowers Pseudostellaria　石竹科 Caryophyllaceae

［形态特征］多年生草本。块根纺锤形。茎直立，高8~15cm。叶倒披针形或长卵形，先端急尖。花2型，开花受精花不结实，单生枝端，萼片5，花瓣5，白色，雄蕊10，花药紫色；闭花受精花结实，生于茎基部，萼片4，无花瓣。蒴果近球形，4裂。花期5~7月，果期7~8月。

［分布及生境］生于山地林下阴湿处。

女娄菜

拉丁名 *Silene aprica*　　英文名 Sunny Catchfly　　石竹科 Caryophyllaceae

［形态特征］一至二年生草本，高20~70cm，全株密被短柔毛。叶对生，叶片披针形或狭披针形，边缘全缘。聚伞圆锥花序顶生。萼筒卵状，具10脉，先端5齿裂，花瓣5，淡紫色或白色，先端2裂，雄蕊10，花柱3。蒴果卵球形。花期5~7月，果期6~8月。

［分布及生境］生于山坡草地或山谷湿地。

［用途］全草药用，栽培可观赏。

石生蝇子草

拉丁名 *Silene tatarinowii* 英文名 Tatarinow Catchfly 石竹科 Caryophyllaceae

[形态特征] 多年生草本，植株高30~80cm。叶对生，叶片卵状长圆形至长圆状披针形，全缘，常具3脉。聚伞花序顶生，有花3~7朵；苞片叶状；花萼筒状，具10脉，花瓣5，白色，先端2浅裂，两侧具1~2齿，雄蕊10。蒴果长卵形，熟时3瓣裂。花期7~8月，果期8~9月。

[分布及生境] 生于山坡、林下、草地或山沟中。

叉歧繁缕

拉丁名 *Stellaria dichotoma* 英文名 Chinese Pink 石竹科 Caryophyllaceae

[形态特征] 多年生草本，高60cm。主根粗。茎簇生，数回叉状分枝。叶卵形、卵状矩圆形或卵状披针形，基部圆形，无柄。聚伞花序有多数花；花梗细，有柔毛；萼片5，披针形；花瓣5，白色，矩圆形，和萼片近等长，顶端2裂；雄蕊10，比花瓣短。蒴果长于宿存萼，顶端6裂，有多数种子，种子卵形，微扁。花期6~7月，果期7~9月。

[分布及生境] 生于山坡石缝间。

沼生繁缕

拉丁名 *Stellaria palustris* 英文名 Stellaria Macrobrachium 石竹科 Caryophyllaceae

［形态特征］多年生草本。株高20~30cm。全株带灰绿色。茎直立或斜伸，上部分枝。叶无柄，线形或线状披针形，边缘皱波状，具1中脉。二歧聚伞花序顶生或腋生；苞片小，膜质；萼片5，披针形；花瓣5，白色，雄蕊10，花药黄色，花柱3。蒴果卵状长圆形，3瓣裂；种子小，黑褐色。花期6~7月。

［分布及生境］生于林下或河边草地。

牛扁

拉丁名 *Aconitum barbatum* var. *puberulum* 英文名 Puberulent Monkshood

毛茛科 Ranunculaceae

［形态特征］多年生草本，具直根。茎被反曲的微柔毛。基生叶1~5，与下部茎生叶具长柄；叶片圆肾形，长5.5~15cm，宽10~22cm，两面被短伏毛，3裂，中央裂片菱形，在中部3裂，2回裂片具狭卵形小裂片。总状花序；小苞片生花梗中部，条形；萼片5，黄色，上萼片圆筒形；花瓣2，具长爪，距与瓣片近等长；雄蕊多数；心皮3。蓇葖果3。花期6~8月，果期8~9月。

［分布及生境］生于海拔400~2100m山坡草地或疏林中潮湿处。

［用途］全草有毒，根入药，可止咳，化痰、平喘。

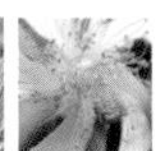

草　乌

拉丁名 *Aconitum kusnezoffii*　英文名 Kusnezoff Monkshood　毛茛科 Ranunculaceae

[形态特征] 多年生草本，高70~150cm。块根常2~5块连生。叶互生，叶片近于革质，全形为卵圆形，3全裂，裂片菱形。总状花序，花萼5，紫蓝色，上萼片盔形，花瓣2，雄蕊多数，花柱与子房等长。蓇葖果直立，种子有膜质翅。花期7~8月。果期9~10月。

[分布及生境] 生于草甸子、灌木丛间、山坡及林缘。观鸟平台周边的油松林内有生长。

华北乌头

拉丁名 *Aconitum soongaricum* var. *angustius*　　毛茛科　Rununculaceae

［形态特征］多年生草本，高20~42cm。茎单一，直立，柔弱，无毛。基生叶花期枯萎，叶互生，叶片近圆形，径3~5cm，掌状3~5全裂，裂片全缘，表面绿色，背面淡绿色，两面无毛。顶生总伏花序，花2~7朵，稀单生；花蓝色，盔瓣浅盔帽状，无毛，侧瓣圆状倒卵形，基部广楔形，外面无毛，里面及边缘疏被长毛，下瓣近长圆形，外面无毛，里面与边缘疏被长毛；雄蕊多数，花丝中部以下最宽，白色，膜质，具2枚明显的尖牙齿，上部细，带蓝色，疏被细长毛，花药带蓝色；心皮3枚。蓇葖果椭圆形，无毛，稍带蓝色；种子长圆形，具3个纵棱翼及多数纵纹，表面近平滑。

［分布及生境］生于林缘、草地。海拔2000~3000m。

类叶升麻

拉丁名 *Actaea asiatica* 英文名 Asian Baneberry 毛茛科 Ranunculaceae

［形态特征］多年生草本，高30~80cm。基生叶鳞片状，茎生叶互生，2~3回三出羽状复叶，具长柄。总状花序，密生短柔毛；萼片4，白色，早落；花瓣6，匙形，黄色；雄蕊多数，心皮1。浆果近球形，黑色。花期5~6月，果期7~9月。

［分布及生境］生于山地阔叶林下。

［用途］根状茎可药用。

紫花耧斗菜

拉丁名 *Aquilegia viridiflora* f. *atropurpurea*　英文名 Purpleflower Columbine

毛茛科 Ranunculaceae

［形态特征］多年生草本，植株高10~50cm。植株被短柔毛和腺毛。基生叶数枚，2回三出复叶，小叶3裂，裂片具2~3圆齿，茎生叶互生，少数。聚伞花序，花3~7朵，暗紫色；萼片5，花瓣5，基部延长成稍弯的距；雄蕊多数，伸出花外。蓇葖果。花期5~7月，果期7~8月。

［分布及生境］生于山谷林中或沟边多石处。

华北耧斗菜

拉丁名 *Aquilegia yabeana* 英文名 Yabe Columbine 毛茛科 Ranunculaceae

［形态特征］多年生草本，高40~60cm。基生叶具长柄，1~2回三出复叶，小叶3裂，边缘有圆齿，茎生叶较小。聚伞花序下垂，密被短腺毛；花少数，紫色；萼片5；花瓣5，基部延长成钩状弯曲的距；雄蕊多数，内轮退化。蓇葖果。花期5~7月，果期7~9月。

［分布及生境］生于山坡、林缘及山沟石缝。观鸟平台周边油松林下有生长。

北京水毛茛

拉丁名 *Batrachium pekinense*　英文名 Beijing Water Ranalisma　毛茛科 Ranunculaceae

［形态特征］多年生沉水草本，茎长约30cm，分枝。叶片轮廓楔形或宽楔形，2型，沉水叶裂片丝形，上部浮水叶2~3回3~5中裂至深裂。萼片5，近椭圆形，有白色膜质边缘，脱落；花瓣5，白色，基部具短爪；雄蕊约15；花托有毛。花期6~7月。

［分布及生境］生于山谷或丘陵溪水中。

芹叶铁线莲

拉丁名 *Clematis aethusifolia*　　英文名 Longplume Clematis　　毛茛科 Ranunculaceae

［形态特征］多年生草质藤本，茎长1~2m。单叶对生，2~3回羽状复叶或羽状细裂，末回裂片线形。聚伞花序腋生，常1~3花；苞片羽状细裂；花钟状下垂；萼片4枚，淡黄色，花瓣状，顶端常反折；雄蕊、心皮多数。瘦果扁平，宽卵形或圆形，成熟后棕红色，密被白色柔毛。花期7~8月，果期8~9月。

［分布及生境］生于山坡草地或疏林中。

［用途］全草入药，散风祛湿，活血止痛。

短尾铁线莲

拉丁名 *Clematis brevicaudata* 英文名 Shortplume Clematis 毛茛科 Ranunculaceae

[形态特征] 木质藤本，茎1~3m。分枝紫褐色。2回羽状复叶或三出复叶，对生，小叶薄纸质，卵形至披针形，边缘疏生锯齿。圆锥状聚伞花序，多花；萼片4，开展，白色或淡黄色；雄蕊多数。瘦果卵形，密被毛，宿存花柱羽毛状。花期6~8月，果期8~9月。

[分布及生境] 生于山地灌丛或平原路旁。保护区内管理处西侧山坡油松林下有生长。

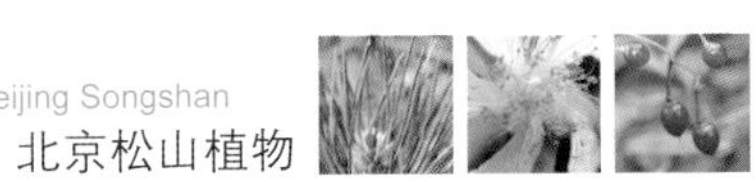

大叶铁线莲

拉丁名 *Clematis heracleifolia*　　英文名 Tube Clematis　　毛茛科 Ranunculaceae

［形态特征］落叶直立灌木，高可达1m。三出复叶对生，总叶柄粗壮，密被白茸毛，顶生小叶叶柄长，叶片大，侧生小叶近无柄，叶片小，叶近革质，椭圆状卵形，具粗锯齿。多数聚伞花序腋生，排列成圆锥状；花两性，无花瓣，花萼管状，4裂，蓝色，反卷，被白毛；花丝、花药、雌蕊被毛。瘦果倒卵形，红棕色，花柱宿存。花期7~8月，果期9月。

［分布及生境］生于山谷、林缘或灌丛。保护区内塘子沟旅游步道两侧较为常见。

棉团铁线莲

拉丁名 *Clematis hexapetala* 英文名 Sixpetal Clematis 毛茛科 Ranunculaceae

［形态特征］多年生草本，高30~100cm。单叶对生，1~2回羽状全裂，革质，末回裂片线状披针形，全缘，脉明显。聚伞花序通常具3花，白色；萼片6，花瓣状，外面密被白棉毛；雄蕊、心皮多数。瘦果密被毛，宿存花柱羽毛状。花期6~8月，果期7~9月。

［分布及生境］生于山坡草地、林缘。

［用途］根入药，可解热、镇痛。

半钟铁线莲

拉丁名 *Clematis ochotensis* 毛茛科 Ranunculaceae

[形态特征] 木质藤本。2回三出复叶，小叶片9，卵状椭圆形至狭卵状披针形，先端急尖或短渐尖，基部圆形，边缘有粗锯齿。花单生，花萼钟状，萼片4，淡蓝色；退化雄蕊多数，匙状线形。瘦果，倒卵形，棕红色，被淡黄色短柔毛，宿存花柱羽毛状。花期5~6月，果期7~9月。

[分布及生境] 生于海拔800~2000m山地林下。保护区内八仙洞沟口有生长。

翠　雀

拉丁名 *Delphinium grandiflorum*　英文名 Largeflowered Larkspur　毛茛科 Ranunculaceae

［形态特征］多年生草本，高35~65cm。全株被柔毛。茎具疏分枝。叶互生，掌状深裂；叶片圆肾形，3全裂。总状花序具3~15朵花，萼片5，花瓣状，蓝色或紫蓝色；花瓣2，较小，有距，距突伸于萼距内；退化雄蕊2，有黄色髯毛；雄蕊多数。蓇葖果3个聚生。花期8~9月。果期9~10月。

［分布及生境］生于山坡草地或林缘。保护区内较为常见。

［用途］景观用途：翠雀花形别致，色彩淡雅。或丛植，栽植花坛、花境，也可用作切花。药用价值：全草及种子可入药治牙痛。茎叶浸汁可杀虫。

白头翁

拉丁名 *Pulsatilla chinensis* 英文名 Anemone，Wood Anemone，Wild-flower，Pasqueflower 毛茛科 Ranunculaceae

［形态特征］宿根草本，全株密被白色长柔毛，株高10~40cm，基生叶4~5片，3全裂，有时为三出复叶。花单朵顶生，径约3~4cm；萼片花瓣状，6片排成2轮，蓝紫色，外被白色柔毛；雄蕊、心皮多数，鲜黄色。聚合果，瘦果，密集成头状，花柱宿存，银丝状，形似白头老翁，故得名白头翁。花期4~5月，果期6~7月。

［分布及生境］保护区内山坡、林缘均有生长。

［用途］具有清热解毒、凉血止痢、燥湿杀虫的功效。

细叶白头翁

拉丁名 *Pulsatilla turczaninovii* 毛茛科 Ranunculaceae

[形态特征] 多年生草本，高15~25cm。全株被白色长柔毛。叶基生，有长柄，3回羽状复叶，羽片3~4对，2~3回羽状细裂，末回裂片线形。花单生，总苞掌状深裂；萼片6，蓝紫色。聚合果近球形，瘦果密被长柔毛，宿存花柱羽毛状。花期4~5月，果期6~7月。

[分布及生境] 生于山坡草地、林缘。保护区回声崖处有生长，且观赏较方便。

毛 茛

拉丁名 *Ranunculus japonicus* 英文名 Japan Buttercup 毛茛科 Ranunculaceae

[形态特征] 多年生草本；茎高20~60cm，有伸展的白色柔毛。基生叶和茎下部叶有长柄，叶片五角形，3深裂。聚伞花序具少数花，花黄色，萼片5，花瓣5。聚合果近球形。花期5~8月，果期6~9月。

[分布及生境] 生于湿草地、山地、沟谷、林下。松月潭溪流两侧有分布。

[用途] 利湿，消肿，止痛，退翳，截疟，杀虫。用于治疗胃痛、黄疸、疟疾、淋巴结结核、翼状胬肉、角膜云翳，灭蛆、杀孑孓。

东亚唐松草

拉丁名 *Thalictrum minus* var. *hypoleucum* 英文名 East Asian Meadowrue

毛茛科 Ranunculaceae

［形态特征］多年生草本，高60~130cm。全株无毛。3~4回三出羽状复叶，小叶3浅裂，中裂片具3个圆齿，叶背有白粉。圆锥花序开展，花多数，绿白色；萼片4，花瓣状；雄蕊花丝丝状。瘦果卵形，有8条纵肋和宿存柱头。花期6~7月，果期8月。

［分布及生境］生于多石山坡草地和林缘。

［用途］根入药，可治皮炎、湿疹等症。

瓣蕊唐松草

拉丁名 *Thalictrum petaloideum* 毛茛科 Ranunculaceae

［形态特征］多年生草本，无毛。茎高20~50cm，分枝。叶为3~4回三出复叶，互生；小叶倒卵形、近圆形或菱形，3浅裂至深裂，裂片卵形或倒卵形，全缘，脉平或微隆起。伞房状聚伞花序；花梗长0.5~2.8cm；花径1~2cm；萼片4，白色，卵形，长3~5mm，早落；无花瓣；雄蕊多数，长5~12mm；花丝中上部棍棒状倒披针形，白色，比花药宽，或成花瓣状。瘦果卵球形，宿存花柱直。花期6~7月，果期8~9月。

［分布及生境］分布于海拔300~2500m山地草坡向阳处。

［用途］园林观赏；根茎入药，清热；燥湿；解毒。

金莲花

拉丁名 *Trollius chinensis* 英文名 Chinese Globeflower 毛茛科 Ranunculaceae

[形态特征] 多年生草本，高50~70cm。全株无毛。基生叶具长柄，近五角形，3全裂；茎生叶互生，5全裂，裂片再裂并有锐锯齿。花金黄色，单生茎顶，直径4~6cm；萼片多数，花瓣状；花瓣多数，线形。蓇葖果。花期6~7月，果期8~9月。

[分布及生境] 生于海拔800~2200m的山顶草地、疏林。

[用途] 花入药，能清热解毒，祛瘀消肿。

细叶小檗

拉丁名 *Berberis poiretii*　英文名 Poiret Barberry　小檗科 Berberidaceae

［形态特征］落叶灌木，高1~2m。枝具棱槽，密生黑色小疣点。叶刺常3分叉；叶簇生于刺腋，狭倒披针形，全缘或中上部有锯齿。总状花序下垂；萼片6，2轮；花瓣6，鲜黄色，近基部具1对蜜腺。浆果长圆形，鲜红色。花期5~6月，果期8~9月。

［分布及生境］生于山坡、丘陵坡地、灌丛。

蝙蝠葛

拉丁名 *Menispermum dauricum* 英文名 Daur Moonseed 防己科 Menispermaceae

［形态特征］多年生落叶藤本，长达13m。根状茎细长，圆柱形，外皮黄色或黑褐色。茎缠绕，圆柱形。单叶互生，叶片肾圆形至心脏形，边缘有3~7浅裂，有5~7条掌状脉；叶柄长15cm，无托叶。花单性，雌雄异株，呈腋生圆锥花序；花小，黄绿色或白色，萼片和花瓣均约6，2轮排列。核果肾圆形，熟时黑紫色。花期5~6月，果期7~9月。

［分布及生境］生于山地林缘、灌丛沟谷或缠绕岩石上。

［用途］根茎、藤入药，称山豆根，可清热解毒、消肿止痛。

北五味子

拉丁名 *Schisandra chinensis* 英文名 China Magnoliavine 木兰科 Magnoliaceae

[形态特征] 落叶木质藤本，高达5m。单叶互生，叶片椭圆形或倒卵形，边缘具稀疏腺齿。花单性异株，单生或数朵簇生于叶腋，花梗细长；花被片6~9，乳白色，轮状排列。浆果近球形，红色，肉质，排列在伸长的花托上，形成穗状聚合果。花期5~6月，果期8~9月。

[分布及生境] 生于山地灌丛中或山沟溪流旁。保护区内兰角沟一带有生长。

白屈菜

拉丁名 *Chelidonium majus* 英文名 Greater Calandine Herb 罂粟科 Papaveraceae

[形态特征] 多年生草本，高30~100cm，有黄色乳汁。茎直立，多分枝，嫩绿色，被白粉，疏生柔毛。叶互生，1~2回羽状全裂。花数朵，伞状排列；萼片2，早落；花瓣4，黄色，雄蕊多数。蒴果线状圆柱形，成熟时由基部向上开裂。花期5~7月，果期6~9月。

[分布及生境] 生于山坡、山谷林边草地；保护区塘子沟苗圃处生长较多。

[用途] 清热解毒，止痛，止咳。用于治疗胃炎，胃溃疡，腹痛，肠炎，痢疾，黄疸，慢性气管炎，百日咳；外用治水田皮炎，毒虫咬伤。

小黄紫堇

拉丁名 *Corydalis raddeana*　英文名 Ochotsk Corydais　罂粟科 Papaveraceae

［形态特征］一年生草本。茎高达90cm，常自下部分枝。叶片下面有白粉，轮廓正三角形，2回或3回羽状全裂，2回或3回裂片2或3深裂，全缘。总状花序，花瓣黄色。蒴果条形或狭倒披针形。

［分布及生境］生于山地林边或石崖上。

珠果黄堇

拉丁名 *Corydalis speciosa* 英文名 Hebei Corydalis 罂粟科 Papaveraceae

[形态特征] 二年生草本，株高25~60cm，茎光滑。茎生叶与基生叶同形，叶具长柄，叶片轮廓卵形或狭卵形，2~3回羽状全裂。总状花序，具6~15朵花；花黄色。蒴果线形，种子间明显缢缩成串珠状，种子黑色，扁球形。花果期5~6月。

[分布及生境] 生于丘陵或山坡林下、沟边湿地。

野罂粟

拉丁名 *Papaver nudicarule* 英文名 Chinese Poppy 罂粟科 Papaveraceae

［形态特征］多年生草本，高30~50cm。具白色乳汁，全株有硬伏毛。叶基生，有长柄，羽状深裂。花单生于长花梗顶端；萼片2，早落，花瓣4片，橘黄色，倒卵形。蒴果卵圆形，顶孔裂。花期6~7月，果期7~8月。

［分布及生境］生于山地林缘、亚高山草甸。

［用途］全株含多种生物碱，果实入药，可止咳、镇痛。

垂果南芥

拉丁名 *Arabis pendula* 英文名 Pendentfruit Rockcress 十字花科 Cruciferae

[形态特征] 二年生草本，高50~100cm。茎直立，被毛，上部分枝。叶互生，长椭圆形、倒卵形或披针形；先端尖，基部耳状，稍抱茎，边缘有细锯齿，无柄。总状花序顶生；萼片4，花瓣4，十字形，较小，白色。长角果扁平，下垂；种子多数，边缘有狭翅。

[分布及生境] 生于山坡、山沟、草地、林缘、灌木丛、河岸及路旁的杂草地。保护区内塘子沟旅游道路两侧较为常见。

白花碎米荠

拉丁名 *Cardamine leucantha* 十字花科 Cruciferae

[形态特征] 多年生草本。根状茎短而匍匐，着生多数须根和粗线状长短不一的匍匐枝，白色，横走，并有不定根。叶为奇数羽状复叶。总状花序顶生，花为白色。长角果线形，种子长圆形，栗褐色，边缘具窄翅或无。4~7月开花，6~8月结果。

[分布及生境] 生于林区路旁、山坡灌木林下、沟边及湿草地。

[用途] 根状茎可供药用，治气管炎；全草及根状茎能清热解毒，化痰止咳。嫩叶食用。

裸茎碎米荠

拉丁名 *Cardamine scaposa* 英文名 Nakedstem Bittercress 十字花科 Cruciferae

［形态特征］多年生草本，高6~15cm。全株无毛。根状茎细长，匍匐。茎不分枝，细弱，上部直立。单叶，基生，圆形或肾状圆形，边缘波状，叶柄细长，波状弯曲。总状花序，具3~8花；花冠十字形，花瓣白色。长角果扁平。花期5~6月，果期7月。

［分布及生境］生于山坡、灌丛及林下，海拔1000m以下。

［用途］全草入药，清热解毒。

糖 芥

拉丁名 *Erysimum bungei* 英文名 Orange Sugarmustard 十字花科 Cruciferae

[形态特征] 多年生草本，高30~60cm。茎直立，具棱，全株被叉状伏硬毛。单叶互生，披针形，全缘，具短柄。总状花序顶生；花较大，橘黄色；花瓣4；萼片4；花丝基部的中央和侧面有蜜腺。长角果，具棱角。花期5~6月，果期7~10月。

[分布及生境] 生于向阳山坡、路边。

[用途] 根入药，可强心利尿、健脾消食。

二月蓝（诸葛菜）

拉丁名 *Orychophragmus violaceus* 英文名 Violet Orychophragmus 十字花科 Cruciferae

［形态特征］二年生草本。茎直立，光滑，单茎或多分枝，株高20~70cm。基生叶扇形，近圆形，边缘有不整齐的粗锯齿；茎生叶抱茎，茎下部叶羽状分裂，顶生叶肾形或三角状卵形。总状花序顶生，花冠深紫或浅紫色，花瓣4枚，倒卵形，呈十字排列，具长爪。长角果圆柱形，略带四棱，种子黑褐色，卵形，有自播能力。花期4~5月，果期6月。

［分布及生境］生于山坡或荒地上。保护区内松闫公路两侧分布较多。

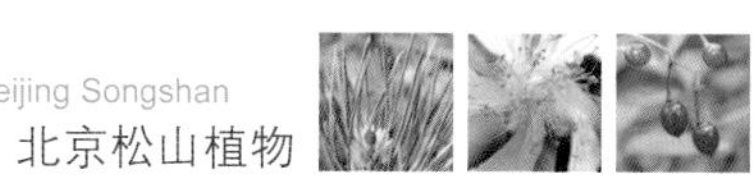

瓦 松

拉丁名 *Orostachys fimbriatus* 英文名 Duncecap 景天科 Crassulaceae

[形态特征] 多年生肉质草本，高10~40cm。茎略斜伸，全体粉绿色。基部叶成紧密的莲座状，线形至倒披针形，边缘有流苏状的软骨片和1针状尖刺；茎上叶线形至倒卵形，长尖。总状花序圆锥状，花多数密集，5基数；萼片肉质，花瓣粉红色。蓇葖果长圆形。花期7~9月。果期9~10月。

[分布及生境] 生于石质山坡、岩石、树干上。

[用途] 全草药用，可止血、活血。

钝叶瓦松

拉丁名 *Orostachys malacophyllus* 景天科 Crassulaceae

[形态特征] 二年生草本。第一年仅长莲座状丛叶，叶片长椭圆形或长圆状披针形，全缘，灰绿色，密布暗红色斑点；第二年，自莲座状丛叶中抽出花茎，不分枝；茎生叶互生。花序密集，穗状或总状；花瓣5，白色或带绿色，基部微连合；雄蕊10，花药黄色。花期7~9月。蓇葖果。

[分布及生境] 生于山坡岩石缝中和多石山坡。

景天三七（费菜）

拉丁名 *Phedimus aizoon*　　景天科　Crassulaceae

［形态特征］多年生草本。根状茎短，粗茎高20~50cm，直立，无毛，不分枝。叶互生，狭披针形、椭圆状披针形至卵状倒披针形，长3.5~8cm，宽1.2~2cm，先端渐尖，基部楔形，边缘有不整齐的锯齿；叶坚实，近革质。聚伞花序有多花，水平分枝，平展，下托以苞叶。萼片5，线形，肉质，不等长；花瓣5，黄色，长圆形至椭圆状披针形，长6~10mm；雄蕊10，心皮5。蓇葖果星芒状排列，长7mm；种子椭圆形，长约1mm。花期6~7月，果期8~9月。

华北景天

拉丁名 *Sedum tatarinowii* 景天科 Crassulaceae

［形态特征］多年生草本；根块状，其上常生有似胡萝卜的小块根。茎多数，倾斜，高10~15cm，不分枝，着叶多。叶互生，肉质，条状倒披针形至倒披针形，长1~3cm，宽3~7mm，顶端渐尖，基部渐狭，边缘有疏牙齿或深而狭的浅裂，几无柄。伞房花序，直径约3cm；花紧密，花梗较花长；萼片5，披针形，长3~4mm；花瓣5，浅红色，卵状披针形，长约5mm，开展；雄蕊10，较花瓣短，花丝白色，花药紫色；鳞片正方形，微小；心皮5，卵状披针形，花柱直立。

［分布及生境］生于海拔1000~3000m山地石缝中。

小丛红景天

拉丁名 *Rhodiola dumulosa*　英文名 Shrubberry Rhodiola　景天科 Crassulaceae

［形态特征］多年生草本，高15~25cm。主茎木质粗壮，基部被残枝，枝簇生。叶密集互生，无柄，线形，全缘，肉质。聚伞花序顶生，有4~7花；花两性；萼片5；花瓣5，淡红色或白色；雄蕊10，2轮。蓇葖果，直立。花期6~7月，果期8月。

［分布及生境］生于海拔1600~2000m高山山坡及石缝中。

［用途］根状茎入药，具养心、安神之效。

狭叶红景天

拉丁名 *Rhodiola kirilowii*　英文名 Kirilow Rhodiola　景天科 Crassulaceae

［形态特征］多年生草本，高25~50cm。根茎肥厚。茎生叶多数，互生，无柄，披针形至线形，上部具疏齿。聚伞花序顶生，伞房状，具多花；花单性异株，萼片5，花瓣5，黄绿色，雄蕊10，2轮。蓇葖果披针形，上部开展。花期6~7月，果期8月。

［分布及生境］生于多石草地及林缘。

［用途］根茎入药，止血化瘀。

红升麻（落新妇）

拉丁名 *Astilbe chinensis* 英文名 Chinese Astilbe 虎耳草科 Saxifragaceae

［形态特征］多年生草本，高40~100cm。根状茎肥厚。基生叶具长柄，2~3回三出复叶，小叶边缘有重牙齿，茎生叶2~3，互生。顶生圆锥花序，狭长密集，密被褐色卷曲长柔毛；花萼5深裂，花瓣5，淡紫色，线形。蒴果。花期6~8，果期9月。

［分布及生境］生于山谷溪边、林下及林缘。保护区内塘子沟松月潭处有生长。

［用途］散瘀止痛，祛风除湿。用于跌打损伤，手术后疼痛，风湿关节痛，毒蛇咬伤。

大花溲疏

拉丁名 *Deutzia grandiflora* 英文名 Largeflower Deutzia 虎耳草科 Saxifragaceae

[形态特征] 落叶灌木，高2m。小枝淡灰褐色。单叶对生，叶卵形至卵状椭圆形，边缘具不整齐细密锯齿；表面稍粗糙，疏被星状毛，背面密被灰白色星状毛。花1~3朵，生于侧枝顶端，白色，花萼被星状毛；花瓣5，雄蕊10，花丝上部具2长齿。蒴果半球形，花柱宿存。花期4~6月，果期8~9月。

[分布及生境] 多见于山谷、道路岩缝及丘陵低山灌丛中。保护区内塘子沟旅游步道两侧有生长。

小花溲疏

拉丁名 *Deutzia parviflora* 英文名 Smallflower Deutiza 虎耳草科 Saxifragaceae

[形态特征] 落叶灌木。高1~2m。小枝疏生星状毛。单叶对生，具短柄，叶片卵形或狭卵形，边缘具小锯齿，两面疏生星状毛。伞房花序，具多数花；花梗和花萼密生星状毛；花瓣5，覆瓦状排列，白色，倒卵形；雄蕊10，花丝扁。蒴果半球形。花期5~6月，果期7~8月。

[分布及生境] 生于山坡、沟边、林缘。

梅花草

拉丁名 *Parnassia palustris* 英文名 Wideworld Parnassia 虎耳草科 Saxifragaceae

［形态特征］多年生草本，高10~50cm。基生叶丛生，卵圆形或心形，基部心形，全缘；茎生叶1，生于茎中部，无柄，形状与基生叶相似。花单生于茎顶，白色，形似梅花；萼片5，长椭圆形；花瓣5，平展，卵圆形；雄蕊5，与花瓣互生，退化雄蕊5，丝状分裂成7~23条，裂片先端有头状腺体；心皮4，合生。蒴果卵圆形。花果期7~9月。

［分布及生境］生于湿草甸子、林下湿地、水沟旁。

刺　梨

拉丁名 *Ribes burejense*　　虎耳草科 Saxifragaceae

[形态特征] 落叶灌木，高1~1.5m。枝密生不等的细针刺，节刺粗长，3~7个。叶掌状3~5裂，裂片边缘具粗圆齿。花两性，1~2朵生叶腋；萼筒广钟形，裂片5，暗褐色；花瓣5，淡粉红色。浆果圆形，具多数黄色细针刺，萼裂片宿存。花期5~6月，果期7~8月。

[分布及生境] 生山地针阔叶林中、林缘、灌丛或溪流旁。

[用途] 浆果味酸，可制果酱、果汁或酿酒。

土庄绣线菊

拉丁名 *Spiraea pubescens*　　英文名 Pubescent Spiraea　　蔷薇科 Rosaceae

［形态特征］落叶灌木，高1~2m。枝开展，稍弯曲。叶互生，叶片菱状卵形或椭圆形，先端急尖，基部宽楔形，中部以上有锯齿，有时偶3浅裂；背面有较密的短柔毛。伞形总状花序有总梗；多花，无毛；花小，花瓣5，白色；雄蕊多数。蓇葖果开张。花期5~6月，果期7~8月。

［分布及生境］生于向阳多石山坡灌丛及杂木林中。

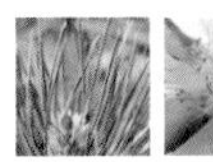

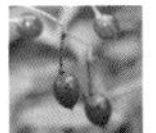

山 楂

拉丁名 *Crataegus pinnatifida* 英文名 Chinese Hawthorn 蔷薇科 Rosaceae

[形态特征] 落叶乔木，高达6m。通常具枝刺。单叶互生，三角状卵形，常3~5羽状深裂，裂片边缘有不规则重锯齿。伞房花序具多花；萼筒钟状，花瓣5，白色。梨果近球形，深红色，有浅色斑点，萼片宿存。花期5~6月，果期8~10月。

[分布及生境] 生于山坡、林缘。

[用途] 果实酸甜可鲜食，干制后可入药，健胃、助消化。

山荆子

拉丁名 *Malus baccata*　英文名 Siberian Crabapple　蔷薇科 Rosaceae

［形态特征］落叶乔木，高达10m。单叶互生，椭圆形或卵形，边缘有细锐锯齿。伞形花序，具花4~6朵，花梗细长。花萼筒状，花瓣5，白色，雄蕊15~20，花柱基部有长毛。梨果近球形，红色或黄色，萼洼微凹。花期4~6月，果期8~9月。

［分布及生境］生于山坡、山谷杂木林及灌丛。

［用途］庭院观赏树种。

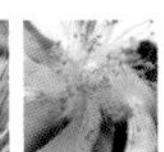

秋子梨

拉丁名 *Pyrus ussuriensis* 英文名 Ussurian Pear 蔷薇科 Rosaceae

[形态特征] 落叶乔木，高15m。单叶互生，叶片卵形至广卵形，边缘具刺芒状细锯齿。伞形花序，花5~7朵；花萼筒状，萼片5，边缘有腺齿，花瓣5，白色。梨果近球形，黄色或绿色带红晕。花期4~5月，果期9~10月。

[分布及生境] 生于中低山杂木林中。

[用途] 花白如雪，在林缘、坡地、庭院内可孤植或丛植，在公园内也可片植。

龙芽草

拉丁名 *Agrimonia pilosa*　　英文名 Hairyvein Agrimony　　蔷薇科 Rosaceae

[形态特征] 多年生草本，高30~100cm，全株具白色长毛。茎直立。单数羽状复叶互生，小叶大小不等，间隔排列，卵圆形至倒卵形，边缘具粗锯齿。总状花序顶生或腋生，花小，黄色；花萼陀螺状；花瓣5。瘦果倒圆锥形，萼裂片宿存。花期6~8月，果期8~10月。

[分布及生境] 生于山坡、林缘、溪边及灌丛。塘子沟旅游步道两侧有零星分布。

水杨梅

拉丁名 *Geum aleppicum* 英文名 Aleppo Avens 蔷薇科 Rosaceae

[形态特征] 多年生草本，高30~100cm，全株被开展的硬毛。基生叶竖琴状裂，小叶3~6对，顶生小叶最大，茎生叶互生，3裂或羽状裂。花常单生；萼片2轮，各5；花瓣5，黄色。瘦果多数，长圆形，顶端具钩状长喙。花期5~8月，果期7~9月。

[分布及生境] 生于山坡、草地、沟边、林缘等潮湿处。

[用途] 全草入药，利尿、收敛；嫩叶可食。

委陵菜

拉丁名 *Potentilla chinensis*　英文名 Chinese Cinquefoil　蔷薇科 Rosaceae

[形态特征] 多年生草本，高30~60cm。茎直立或斜生，密生白色柔毛。羽状复叶互生，基生叶小叶5~7对，长圆形，羽状深裂，背生灰白色毛。聚伞花序顶生；副萼及萼片各5，宿存，均密生绢毛；花瓣5，黄色。瘦果近圆形，有毛，多数，聚生于被有棉毛的花托上，花萼宿存。花期5~7月，果期7~9月。

[分布及生境] 生于山坡、山谷杂木林及灌丛。

[用途] 庭院观赏树种。

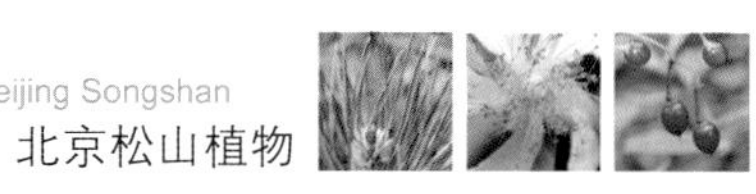

多茎委陵菜

拉丁名 *Potentilla multicaulis* 英文名 Manystalk Cinquefoil 蔷薇科 Rosaceae

［形态特征］一年生草本，高10~30cm，全株被茸毛。茎多数，平卧或近斜升。羽状复叶，叶柄长，疏生开展长毛；托叶膜质；小叶5~7对，长圆形，边缘为羽状深裂，背面灰白色。聚伞花序生于茎顶；萼片卵形，副萼片披针形，长约为萼片之半；花瓣5，黄色，倒卵形。瘦果多数，近圆形，有皱纹。花期5~7月，果期6~8月。

［分布及生境］生于山坡、荒地、林缘路旁。保护区内停车场周边及松闫公路两侧均有生长。

等齿委陵菜

拉丁名 *Potentilla simulatrix* 蔷薇科 Rosaceae

[形态特征] 多年生匍匐草本。根细，多分枝。匍匐枝纤细，常在节上生根。基生叶为三出掌状复叶。单花自叶腋生，花梗纤细，被短柔毛及疏柔毛；萼片卵状披针形，副萼片长椭圆形；花瓣4，黄色，倒卵形，顶端微凹或圆钝，比萼片长。瘦果有不明显脉纹。花果期4~10月。

[分布及生境] 生于林下、山坡、道旁和阴湿处。

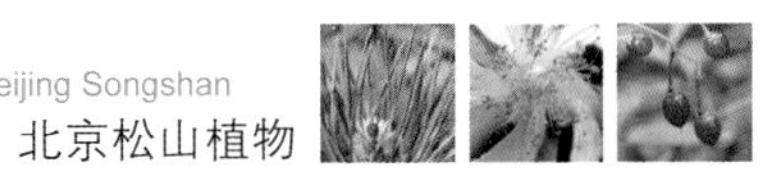
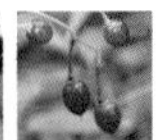

山楂叶悬钩子

拉丁名 *Rubus crataegifolius*　英文名 Hawthornleaf Raspberry　蔷薇科 Rosaceae

[形态特征] 落叶灌木，高1~2m，茎直立；小枝黄褐色至紫褐色，无毛，具直立针状皮刺，微具棱角。单叶，互生；叶片广卵形至近圆卵形，边缘常为3~5掌状浅裂至中裂，裂片具不整齐粗锯齿，中脉具小皮刺或无。花2~6朵簇生于枝顶成短伞房状花序；萼片5，反折；花瓣5，白色。聚合果近球形，红色。花期5~6月，果期7~9月。

[分布及生境] 生于阳坡灌丛、林缘及林中荒地。

[用途] 果实可制果酱和果酒；亦可鲜食或入药。

地 榆

拉丁名 *Sanguisorba officinalis* 英文名 Garden Burnet 蔷薇科 Rosaceae

[形态特征] 落叶乔木，高达10m。单叶互生，椭圆形或卵形，边缘有细锐锯齿。伞形花序，具花4~6朵，花梗细长；花萼筒状；花瓣5，白色；雄蕊15~20，花柱基部有长毛。梨果近球形，红色或黄色，萼洼微凹。花期4~6月，果期8~9月。

[分布及生境] 生于山坡、山谷杂木林及灌丛。

[用途] 庭院观赏树种。

山 桃

拉丁名 *Prunus davidiana* 英文名 David Peach 蔷薇科 Rosaceae

[形态特征] 落叶小乔木，高达10m，干皮紫褐色，有光泽，常具横向环纹。单叶互生，叶狭卵状披针形，边缘有细锐锯齿。伞形花序，具花4~6朵，花梗细长；花萼筒状；花瓣5，白色；雄蕊15~20，花柱基部有长毛。梨果近球形，红色或黄色，花淡粉红色或白色，果球形，径 3cm，肉薄而干燥。花期4~5月，果期8~9月。

[分布及生境] 生于山坡、山谷杂木林及灌丛。

[用途] 庭园观赏树种。

欧 李

拉丁名 *Prunus humilis* 英文名 China Dwarf Cherry 蔷薇科 Rosaceae

［形态特征］落叶灌木，高1~1.5m。单叶互生，几无柄，倒卵形至倒披针形，先端急尖，边缘具细密锯齿，花单生或2朵并生，与叶同时开放；萼筒钟形；花瓣5，白色至淡红色。核果近球形，鲜红色，有光泽。花期4~5月，果期7~8月。

［分布及生境］生于海拔400m以上阳坡灌丛和干燥山坡。

［用途］果实酸甜可食，核仁可入药；亦可栽培供观赏。

山　杏

拉丁名 *Prunus sibirica*　英文名 Siberian Apricot　蔷薇科 Rosaceae

［形态特征］落叶小乔木，高可达8m。单叶互生，卵圆形，先端长尾尖，边缘具钝锯齿。花单生，先叶开放；萼筒钟状，萼裂片5，花后反折；花瓣5，粉红色至白色，雄蕊多数。核果近球形，黄色带红晕，熟时开裂。花期4~5月，果期6~8月。

［分布及生境］生于向阳坡地，极普遍。

［用途］杏仁味苦，可入药，祛痰、止咳、平喘。

单瓣榆叶梅

拉丁名 *Prunus triloba* 蔷薇科 Rosaceae

［形态特征］落叶灌木，株高2m左右，枝细小光滑，干红褐色，主干树皮剥裂。叶呈椭圆形，单叶互生，边缘有粗锯齿。花单生或对生，花梗短，紧贴生在枝条上，初开多为深红，渐渐变为粉红色，最后变为粉白色，单瓣，花朵小，花萼、花瓣均为5片。花期4~5月，果期7月。

［分布及生境］在保护区内观鸟平台处有分布。

直立黄芪

拉丁名 *Astragalus adsurgens* 英文名 Vertical astragaloside 豆科 Leguminosae

[形态特征] 多年生草本。茎直立，多分枝，有白色丁字毛和黑毛。奇数羽状复叶；小叶7~23，近无柄，卵状椭圆形或椭圆形，先端钝，基部圆形，叶背密生白色丁字毛；托叶三角形。总状花序腋生；花密，多数，花萼筒状，萼齿5，有黑色丁字毛；花冠蝶形，翼瓣比旗瓣短，紫红色或蓝紫色。荚果圆筒形。花期6~8月，果期7~9月。

[分布及生境] 生于山坡草地、沟边、林缘及灌丛中。

[用途] 粗蛋白质含量高，是优等家畜饲草，也是一种良好的固沙和绿肥植物。

达乌里黄芪

拉丁名 *Astragalus dahuricus* 英文名 Dahur Milkvetch 豆科 Leguminosae

［形态特征］一年生或二年生草本，被开展、白色柔毛。茎直立，分枝，有细棱。奇数羽状复叶，小叶长圆形、倒卵状长圆形或长圆状椭圆形。总状花序较密，总花梗长2~5cm；苞片线形或刚毛状；花梗长1~1.5mm；花萼斜钟状，萼筒长1.5~2mm，萼齿线形或刚毛状，上边2齿较筒短，下边3齿较长（长达4mm）；花冠紫色，旗瓣近倒卵形，先端微缺，基部宽楔形，翼瓣长约10mm，瓣片弯长圆形，先端钝，基部耳向外伸，瓣柄长约4.5mm；子房有柄，被毛。荚果线形，先端凸尖喙状，直立。花期7~9月，果期8~10月。

［分布及生境］生于向阳山坡、沟边、路旁等地。

［用途］全株可做饲料。

糙叶黄芪

拉丁名 *Astragalus scaberrimus* 英文名 Scabrousleaf Milkvetch 豆科 Leguminosae

[形态特征] 多年生矮小草本，高2~5cm。茎匍匐或地上茎不明显，全株密被白色丁字毛和伏毛。奇数羽状复叶，小叶7~15，椭圆形。总状花序腋生，有花3~5朵；蝶形花冠，黄白色。荚果圆柱形，长1~1.5cm，先端有硬尖。花期4~5月，果期5~6月。

[分布及生境] 生于山坡、路旁及荒地上。

杭子梢

拉丁名 *Campylotropis macrocarpa*　　英文名 Clover Shrub　　豆科 Leguminosae

[形态特征] 落叶灌木，高1~2.5m，幼枝密生短柔毛。三出羽状复叶，小叶椭圆形，先端钝圆或微凹，基部圆形，下面被柔毛。总状花序腋生，花为三角状镰刀形或半月形，每苞腋有1花；花冠紫红色。荚果斜卵形，扁平。花期8~9月，果期9~10月。

[分布及生境] 生于山坡、灌丛或林缘等。

[用途] 可做牧草和绿肥，亦为良好的水土保持树种。

红花锦鸡儿

拉丁名 *Caragana rosea*　英文名 Rose Peashrub　豆科 Leguminosae

[形态特征] 落叶灌木，高60~100cm。树皮灰褐色或灰黄色。小枝细长，有棱。偶数羽状复叶，小叶仅为2对，假掌状排列，椭圆状倒卵形；托叶和叶轴均为刺状。花单生，花梗中部有关节；蝶形花冠，黄色或淡红色。荚果圆柱形，褐色，无毛。花期4~5月，果期6~8月。

[分布及生境] 生于林下、山坡、道旁和阴湿处。

[用途] 补益药；活血药。

米口袋

拉丁名 *Gueldenstaedtia multiflora* 英文名 Ricebag 豆科 Leguminosae

[形态特征] 多年生草本，高4~20cm。主根圆锥形或圆柱形、粗壮。叶为奇数羽状复叶，多数，丛生于根状茎或短缩茎上端，全缘，两面被白色长棉毛。总花梗自叶丛间抽出，顶端集生6~8朵花，排列成伞形；萼钟状，蝶形花冠紫堇色。荚果圆柱形，花期4~5月，果期5~6月。

[分布及生境] 生于向阳草地、干山坡、沙质地、草甸草原或路旁等处。

[用途] 全草入药，有清热解毒、消肿的功效。

茳芒香豌豆

拉丁名 *Lathyrus davidii*　英文名 David Vetchling　豆科 Leguminosae

[形态特征] 多年生高大草本，高80~150cm。偶数羽状复叶，叶轴顶端有卷须，小叶2~5对，椭圆形或卵形，下面苍白色；托叶明显，半箭头状，长2~7cm。总状花序腋生；蝶形花冠，黄色。荚果线状长圆形，两面凸起。花期5~7月，果期7~9月。

[分布及生境] 生于山坡、灌丛或林下等。保护区内塘子沟景区入口处听乐潭有分布。

胡枝子

拉丁名 *Lespedeza bicolor* 豆科 Leguminosae

［形态特征］灌木，高0.5~3m，分枝繁密，老枝灰褐色，嫩枝黄褐色，疏生短柔毛。三出复叶互生，顶生小叶宽椭圆形或卵状椭圆形，长1.5~5cm，宽1~2cm，先端钝圆，具短刺尖，基部楔形或圆形，叶背面疏生平伏短毛，侧生小叶较小，具短柄，托叶2，条形。总状花序腋生，总花梗较叶长，花梗长2~3mm；花萼杯状，花冠蝶形，紫色，旗瓣倒卵形，翼瓣矩圆形，龙骨瓣与旗瓣近等长。荚果倒卵形，网脉明显，疏或密被柔毛，含1粒种子，种子褐色，歪倒卵形，有紫色斑纹。

达乌里胡枝子

拉丁名 *Lespedeza davurica* 豆科 Leguminosae

[形态特征] 草本状灌木，高0.3~0.6m。茎直立、斜生或平卧，有短柔毛。三出羽状复叶，小叶披针形长圆形。总状花序腋生，比叶短；蝶形花冠，黄绿色，有时基部带紫色。荚果倒卵状长圆形，有白色柔毛，表面有网纹。花期5~7月，果期6~9月。

[分布及生境] 生山坡草地、草丛、田边、沟旁和路边等处。

[用途] 可做牧草和绿肥。

黄香草木犀

拉丁名 *Melilotus officinalis*　　豆科　Leguminosae

［形态特征］一或二年生草本，高1~2m，全草有香味。主根发达，呈分枝状胡萝卜形，根瘤较多。茎直立，多分枝。叶为羽状三出复叶，小叶椭圆形至披针形，先端钝圆，基部楔形，边缘具细锯齿；托叶三角形。总状花序腋生，含花30~60朵，花萼钟状；花冠黄色，蝶形，旗瓣与翼瓣近等长。荚果卵圆形，有网纹，被短柔毛，含种子1粒；种子长圆形，黄色或黄褐色。花果期6~9月。

［分布及生境］多分布于河谷湿润的地方。

［用途］可用做牧草。

蓝花棘豆

拉丁名 *Oxytropis coerulea* 英文名 Sky-Blue-Flower Crazyweed 豆科 Leguminosae

[形态特征] 多年生草本，高40~60cm，无地上茎或极短。叶丛生，奇数羽状复叶，小叶17~41，多为长圆状披针形或长圆形，两面有毛。总状花序由叶丛中生出，花多数，疏生；蝶形，紫红色、蓝紫色或白色。荚果长卵形，膨胀，1室。花期6~8月，果期8~9月。

[分布及生境] 生于山坡草地、沟谷或林缘。

[用途] 茎叶可做家畜饲料；栽培可观赏。

刺 槐

拉丁名 *Robinia pseudoacacia* 豆科 Leguminosae

[形态特征] 落叶乔木，高10~20m。树皮灰黑褐色，纵裂；枝具托叶性针刺，小枝灰褐色，无毛或幼时具微柔毛。树皮灰褐色至黑褐色，纵裂。小枝光滑，有托叶刺。奇数羽状复叶，互生，具9~19小叶；叶柄长1~3cm，小叶柄长约2mm，被短柔毛，小叶片卵形或卵状长圆形，长2.5~5cm，宽1.5~3cm，基部广楔形或近圆形，先端圆或微凹，具小刺尖，全缘，表面绿色，被微柔毛，背面灰绿色被短毛。蝶形花，总状花序长10~20cm，花冠白色，具清香气，雄蕊10枚。荚果长4~10cm，扁平；种子扁肾形，黑色或褐色，常带较淡色的斑纹。花果期5~9月。

[分布及生境] 生于向阳山坡、路旁等地。

苦　参

拉丁名 *Sophora flavescens*　英文名 Bitter Ginseng　豆科 Leguminosae

［形态特征］多年生草本或亚灌木，高60~130cm。幼枝密生黄色细毛。奇数羽状复叶，小叶15~25，线状披针形或窄卵形。总状花序顶生，蝶形花冠淡，黄色，旗瓣匙形，翼瓣无耳。荚果圆柱形。花期6~7月，果期8~9月。

［分布及生境］生于向阳山坡草丛、路边、溪沟边。保护区内塘子沟顶水鲨处有分布。

［用途］清热燥湿，杀虫，利尿。用于治疗热痢，便血，黄疸尿闭，湿疹，湿疮，皮肤瘙痒，疥癣麻风。

假香野豌豆

拉丁名 *Vicia pseudorobus* 英文名 Lareleaf Vetch, False Vetch 豆科 Leguminosae

[形态特征] 多年生草本，高40~120cm。偶数羽状复叶，顶端卷须分叉，小叶4~8，卵形或卵状长圆形，顶端渐尖。总状花序腋生，长于叶；花偏向一侧着生，花冠粉红色或苍白紫色。荚果长圆形，两端尖。花期7~9月，果期8~10月。

[分布及生境] 生于山坡、草地、沟谷、森林及林缘。

[用途] 可做家畜饲料，但开花时有毒。

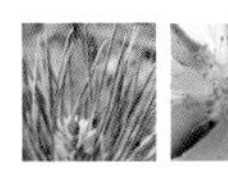

歪头菜

拉丁名 *Vicia unijuga* 豆科 Leguminosae

［形态特征］多年生草本，高可达1m。幼枝被淡黄色柔毛。羽状复叶，互生；小叶2枚，大小和形状变化很大，卵形至菱形，先端钝而有细尖，基部楔形，边缘粗糙。总状花序腋生；萼斜钟状，萼齿5，三角形，下面3齿高，疏生短毛；花冠紫色或紫红色，旗瓣提琴形，先端微缺，翼瓣先端钝，下部有耳和爪，龙骨瓣曲卵形，有耳及爪，与翼瓣等长；子房具柄，花柱上部有毛。荚果狭矩形，两侧扁，无毛；种子扁圆形，棕褐色。花期6~8月，果期9月。

［分布及生境］生于草地、山沟、岸边、林缘或向阳的灌丛中。

［用途］观赏植物；植物茎叶入药，可补虚调肝，理气止痛，清热利尿。

鼠掌老鹳草

拉丁名 *Geranium sibiricum* 英文名 Ratpalm Cranebill 牻牛儿苗科 Geraniaceae

［形态特征］多年生草本，高30~70cm，具倒向柔毛。茎细长，平卧或斜升，多分枝。叶对生，肾状五角形，掌状3~5深裂，裂片具深缺刻。花单生叶腋；萼片5，花瓣5，淡蓝色或近白色，雄蕊10。蒴果，顶端具喙。花期7~8月，果期8~9月。

［分布及生境］生于山坡草地、林缘、灌丛。

灰背老鹳草

拉丁名 *Geranium wlassowianum* 牻牛儿苗科 Geraniaceae

［形态特征］多年生草本，高30~70cm。根茎短粗，木质化，斜生或直生，具簇生纺锤形块根。茎2~3，直立或基部仰卧，假二叉状分枝，被倒向短柔毛。叶基生和茎上对生；基生叶具长柄，柄长为叶片的4~5倍，被短柔毛，近叶片处被毛密集，茎下部叶柄稍长于叶片，上部叶柄明显短于叶片；叶片五角状肾圆形，基部浅心形，长4~6cm，宽6~9cm，5深裂达中部或稍过之，裂片倒卵状楔形，背面灰白色，沿脉被短糙毛。花序腋生和顶生，稍长于叶，总花梗被倒向短柔毛，具2花；苞片狭披针形，长6~8mm，宽1~1.5mm；花梗与总花梗相似，通常长为花的1.5~2倍，萼片长卵形或矩圆状椭圆形，长8~10mm，宽3~4mm，先端具长尖头，密被短柔毛和开展的疏散长柔毛；花瓣淡紫红色，具深紫色脉纹，宽倒卵形，长约为萼片的2倍；雄蕊稍长于萼片，花药棕褐色；雌蕊被短糙毛，花柱分枝棕褐色，与花柱近等长。蒴果长约3cm，被短糙毛。花期7~8月，果期8~9月。

野亚麻

拉丁名 *Linum stelleroides* 亚麻科 Linaceae

[形态特征] 一年生或二年生草本。成株株高40~70cm；茎直立，基部稍木质化，上部多分枝，无毛。叶互生，条形或条状披针形，长1~3cm，宽1~3mm，先端锐尖，基部渐狭，无柄，全缘，两面无毛，具1~3脉。花单生于枝条顶端，形成聚伞花序；萼片5，卵形或卵状披针形，长约3mm，具3脉，先端急尖，边缘膜质，有黑色腺体；花瓣5，淡紫色或蓝色，长约为萼片的3~4倍；雄蕊5，退化雄蕊5，与花柱等长，花丝基部合生；子房5室，柱头倒卵形。蒴果球形或扁球形，直径3~4mm，顶端突尖；种子扁平，长圆形，长约2mm，褐色。花期6~8月，果期7~9月。

[分布及生境] 山地草丛中。

[用途] 养血润燥，祛风解毒。

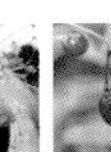

西伯利亚远志

拉丁名 *Polygala sibirica* 英文名 Sibiria Mikwort 远志科 Polygalaceae

[形态特征] 多年生草本，高10~40cm。茎丛生，有毛。单叶互生，卵状披针形，全缘。总状花序腋生，花少数，蓝紫色；萼片5，花瓣状，花瓣3，下面中央1片龙骨瓣状，顶部具纤毛附属物；雄蕊8，下部合生成筒。蒴果倒心形，具窄翅。花期5~7月，果期7~9月。

[分布及生境] 生于山坡草地、灌丛间或林缘。

[用途] 根入药，具安神、化痰之功效。

猫眼草

拉丁名 *Euphorbia esula* 英文名 Cateye Grass 大戟科 Euphorbiaceae

［形态特征］多年生草本，高25~50cm。具乳汁。茎丛生，多分枝。叶互生，长圆状披针形，全缘。花单性同株，由多数雄花和1枚雌花生于杯状总苞内组成杯状聚伞花序；花序基部具苞叶，数个在枝顶排成伞房状。蒴果3裂。花期5~6月，果期7~8月。

［分布及生境］生于山坡、林缘、疏林、草丛。保护区内塘子沟松月潭周边有分布。

［用途］败毒抗癌，用于癌瘤积毒；逐痰散结，用于治疗痰饮肿结。

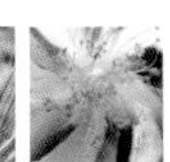

雀儿舌头

拉丁名 *Leptopus chinensis*　英文名 China Leptopus　大戟科 Euphorbiaceae

[形态特征] 落叶灌木，高约1m。叶互生，全缘。花单性，雌雄同株，簇生或单生叶腋；花梗细长；有花瓣；雄花花瓣5，绿白色；雄蕊5，腺体5，2裂；雌花花瓣较小，花柱3，2裂。蒴果开裂为3个2裂的分果瓣，萼片宿存。花期4~6月，果期5~8月。

[分布及生境] 生于山坡、田边、路旁、林缘。

[用途] 水土保持和园林绿化树种。

一叶荻（叶底珠）

拉丁名 *Flueggea suffruticosa* 英文名 Suffrutescent Securinega 大戟科 Euphorbiaceae

[形态特征] 落叶灌木，高1~3m。茎多分枝，小枝具棱。叶互生，椭圆形或倒卵状椭圆形，全缘。花小，单性异株，淡黄色，萼片5，无花瓣，单生或簇生于叶腋；雄花花盘腺体5，雄蕊5，雌花子房3室。蒴果扁球形，红褐色。花期5~7月，果期7~9月。

[分布及生境] 生于山坡灌丛、林缘及山坡向阳处。

[用途] 叶、花供药用，对神经系统有兴奋作用。

火炬树

拉丁名 *Rhus typhina* 漆树科 Anacardiaceae

[形态特征] 落叶小乔木，高达12m。柄下芽。小枝密生灰色茸毛。奇数羽状复叶，小叶19~23（11~31），长椭圆状至披针形，长5~13cm，缘有锯齿，先端长渐尖，基部圆形或宽楔形，上面深绿色，下面苍白色，两面有茸毛，老时脱落，叶轴无翅。圆锥花序顶生，密生茸毛，花淡绿色，雌花花柱有红色刺毛。核果深红色，密生茸毛，花柱宿存，密集成火炬形。花期6~7月，果期8~9月。

[分布及生境] 常在开阔的沙土或砾质土上生长。

南蛇藤

拉丁名 *Celastrus orbiculatus* 英文名 Oriental Bittersweet 卫矛科 Celastraceae

[形态特征] 攀援状灌木，长达12m。小枝圆柱形，有多数皮孔，髓坚实，白色。叶互生，近圆形至倒卵形或长圆状倒卵形，边缘有细钝锯齿。聚伞花序腋生或在枝端呈圆锥状而与叶对生；花黄绿色；雄花5数，具退化雄蕊；雌花花柱细长，柱头3裂。蒴果近球形，棕黄色，熟后3裂；种子包有红色肉质假种皮，入秋后叶变红色。花期5~6月，果熟期8~10月。

[分布及生境] 生于山谷、山坡的灌丛及疏林中。

卫 矛

拉丁名 *Euonymus alatus* 英文名 Winged Euonymus 卫矛科 Celastraceae

[形态特征] 落叶灌木，高2~3m。小枝四棱形，有2~4排木栓质的阔翅。叶对生，叶片倒卵形至椭圆形，边缘有细尖锯齿。聚伞花序腋生，花黄绿色；花盘肥大，方形。蒴果棕紫色，4深裂；种子具橙红色假种皮。花期5~6月，果熟期7~10月。

[分布及生境] 生于山间杂木林下、林缘或灌丛中。

华北五角枫

拉丁名 *Acer truncatum* 英文名 Mono Maple 槭树科 Aceraceae

[形态特征] 落叶乔木，高达8~12m，干皮黄褐色或灰色，纵裂，当年生枝绿色，后转为红褐色或灰棕色。单叶对生，掌状5裂，裂片全缘或仅中间裂片上部出现2小裂，叶基截形或稍凹。花杂性同株，顶生伞房花序，具花6~10朵，花黄白色，萼、瓣各5枚，雄蕊4~8枚。双翅果，熟时淡黄色，翅长与果体近相等。花期4~5月，果熟9~10月。

[分布及生境] 生于山坡杂木林中。

[用途] 叶形独特，秋叶变红，用于观赏。

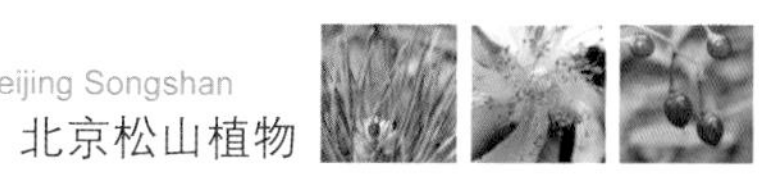

水金风

拉丁名 *Impatiens nolitangere* 英文名 Lightyellow Touch-me-not 凤仙花科 Balsaminaceae

［形态特征］一年生草本，高40~70cm。茎直立，上部多分枝，下部节常膨大。叶互生，叶片卵形或卵状椭圆形，边缘有粗圆状齿。花黄色，两侧对称，3~4朵生于花轴上；萼片3，花瓣状，后面1片囊状，延伸成弯距；花瓣5。蒴果棒状。花期6月，果期7~8月。

［分布及生境］生于山坡林下、林缘草地或溪流边。

锐齿鼠李

拉丁名 *Rhamnus arguta*　　英文名 Roundleaf Buckthorn　　鼠李科 Rhamnaceae

［形态特征］灌木或小乔木，高2~3m。树皮灰褐色；小枝常对生或近对生，枝端有时具针刺。叶薄纸质或纸质，近对生或对生，在短枝上簇生，卵状心形或卵圆形，稀近圆形或椭圆形，长1.5~6cm，宽1.5~4.5cm，顶端钝圆或突尖，基部心形或圆形，边缘具密锐锯齿，叶柄长1~3 (4)cm，带红色或红紫色。花单性，雌雄异株，4基数，具花瓣；雄花10~20个簇生于短枝顶端或长枝下部叶腋，花梗长8~12mm；雌花数个簇生于叶腋，花梗长达2cm，子房球形，3~4室。核果球形或倒卵状球形，直径约6~7mm，成熟时黑色；果梗长1.3~2.3cm，无毛；种子矩圆状卵圆形，淡褐色，背面具长为种子4/5或全长的纵沟。花期5~6月，果期6~9月。

小叶鼠李

拉丁名 *Rhamnus parvifolia* 英文名 Littleleaf Buckthorn 鼠李科 Rhamnaceae

［形态特征］落叶灌木，高达2m。枝顶端具刺。单叶对生，叶片菱状卵形、倒卵形或椭圆形，边缘有钝锯齿，两面无毛。花小，黄绿色，1~3朵簇生于叶腋；萼片、花瓣和雄蕊均为4。核果近球形，熟时黑色，具2核。花期5月，果期7~9月。

［分布及生境］生于向阳山坡、沟边、谷地及林缘灌丛。

［用途］果实入药；叶可代茶；为良好的水土保持树种。

酸　枣

拉丁名 *Ziziphus jujuba* var. *spinosa*　英文名 Sour Jujube　鼠李科 Rhamnaceae

[形态特征] 落叶灌木或小乔木，高1~3m。幼枝“之”字形弯曲，节上具托叶刺，托叶刺有2种，一种直伸，另一种常弯曲。单叶互生，叶片椭圆形至卵状披针形，边缘有细锯齿，基部三出脉。花小，黄绿色，2~3朵簇生于叶腋。核果小，熟时红褐色，近球形或长圆形，核两端钝。花期4~5月，果期8~9月。

[分布及生境] 生于向阳山坡、山谷或路旁。

[用途] 良好的水土保持树种；种仁入药，能镇静安神。

葎叶蛇葡萄

拉丁名 *Ampelopsis humulifolia* 英文名 Hopleaf Snakegrape 葡萄科 Vitaceae

[形态特征] 落叶木质藤本。茎长达5m，红褐色，具棱。卷须2~3分叉。单叶互生，宽卵形，3~5中裂或不裂，基部心形或平截，叶缘具粗锯齿，表面光滑有光泽，背面苍白色。聚伞花序，与叶对生；花淡黄绿色，5基数。浆果球形，膨大者为虫瘿，淡蓝色。花期5~6月，果期8~9月。

[分布及生境] 生于山坡灌丛、林缘及岩石缝间。

[用途] 根皮入药，能消炎解毒、活血散瘀、祛风除湿。

山葡萄

拉丁名 *Vitis amurensis* 英文名 Amur Grape 葡萄科 Vitaceae

[形态特征] 落叶藤本。藤可长达15m以上，树皮暗褐色或红褐色，藤匍匐或攀援于其他树木上。卷须顶端与叶对生。单叶互生、宽卵形，基部心形，3~5裂或不裂，边缘具粗牙齿，叶秋季常变红。圆锥花序与叶对生，花小而多、黄绿色；雌雄异株。果为圆球形浆果，黑紫色带蓝白色果霜。花期5~6月，果期8~9月。

[分布及生境] 生于针阔混交林缘及杂木林缘。

[用途] 果可食或酿酒等；根、藤、果可入药。

爬山虎

拉丁名 *Parthenocissus tricuspidata* 英文名 Shinygreen Creeper 葡萄科 Vitaceae

[形态特征] 多年生大型落叶木质藤本，其形态与野葡萄相似。树皮有皮孔，髓白色。枝上有卷须，卷须短，多分枝，卷须顶端及尖端有黏性吸盘。夏季开花，花小，成簇不显，黄绿色，与叶对生；花多为两性，雌雄同株，聚伞花序常着生于两叶间的短枝上；花5数；萼全缘；花瓣顶端反折。浆果紫黑色。花期6月，果期9~10月。

[分布及生境] 多攀援于岩石、大树、墙壁和山上。

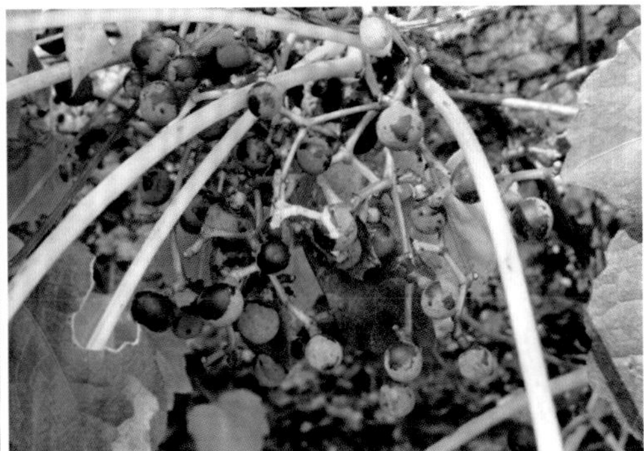

软枣猕猴桃

拉丁名 *Actinidia arguta*　　英文名 Yangtao Kiwifruit　　猕猴桃科 Actinidiaceae

[形态特征] 落叶藤本；枝褐色，髓白色，层片状。叶近圆形或宽倒卵形，顶端钝圆或微凹，基部圆形至心形，边缘有芒状小齿。花开时乳白色，后变黄色，单生或数朵生于叶腋；萼片5，有淡棕色柔毛；花瓣5~6，有短爪；雄蕊多数，花药黄色；花柱丝状，多数。浆果卵形或长圆形。花期5~6月，果熟期8~10月。

[分布及生境] 生于山坡林缘或灌丛中。

[用途] 根药用，可清热解毒、活血消肿、利尿通淋；制土农药，可杀油茶毛虫、稻螟虫、蚜虫等。

红旱莲

拉丁名 *Hypericum ascyron*　英文名 Giant St.John'swort Herb　藤黄科 Guttiferae

[形态特征] 多年生草本，高达1m。茎直立，具4棱。叶对生，卵状披针形，基部抱茎，两面都有黑色小斑点。聚伞花序顶生；花大，金黄色，呈“万”字形旋转，萼片、花瓣各5，宿存；雄蕊5束；花柱5。蒴果圆锥形，5裂。花期6~7月，果期8~9月。

[分布及生境] 生于山坡林下、草丛中。三叠水八仙洞沟口有生长。

[用途] 凉血止血，清热解毒。用于治疗吐血、咯血、衄血、子宫出血、黄疸、肝炎；外用治创伤出血、烧烫伤、湿疹、黄水疮。

鸡腿堇菜

拉丁名 *Viola acuminata*　英文名 Acuminata Violet　堇菜科 Violaceae

［形态特征］多年生草本，高10~40cm。通常无基生叶。茎直立，叶片心形、卵状心形或卵形，边缘具钝锯齿及短缘毛，两面密生褐色腺点，沿叶脉被疏柔毛；托叶草质，叶状，通常羽状深裂呈流苏状。花淡紫色或近白色，具长梗；萼片5，线状披针形，花瓣5，下面1瓣较大，具直的距。蒴果椭圆形，3瓣裂。花期5~6月，果期6~9月。

［分布及生境］生于杂木林下或山坡草地、河谷湿地等处。保护区内八仙洞沟口有分布。

裂叶堇菜

拉丁名 *Viola dissecta* 英文名 Splitleaf Violet 堇菜科 Violaceae

[形态特征] 多年生草本，高10~15cm。无地上茎。根茎粗短，生数条黄白色较粗的须状根。叶簇生，具长柄；叶片圆肾形，掌状3~5全裂，裂片再羽状深裂，终裂片线形。花淡紫色；萼片5，宿存，覆瓦状排裂；花瓣5，具紫色条纹，下面一瓣具细长的距。蒴果成熟后裂成3瓣。花期4~8月，果期5~9月。

[分布及生境] 生于草地及固定沙丘向阳处。

[用途] 清热解毒，消痈肿。主治无名肿毒，疮疖，麻疹热毒。

紫花地丁

拉丁名 *Viola philippica* 英文名 Purpleflower Violet 堇菜科 Violaceae

［形态特征］多年生草本，高7~14cm，无地上茎，地下茎很短，主根较粗。叶基生，狭披针形或卵状披针形，边缘具圆齿，叶柄具狭翅，托叶钻状三角形，有睫毛。花有卡柄，萼片卵状披针形；花瓣紫堇色，具细管状。蒴果椭圆形，3瓣裂。花期4~5月。

［分布及生境］常生于山野草坡和路边。

早开堇菜

拉丁名 *Viola prionantha* 英文名 Serrate Violet 堇菜科 Violaceae

［形态特征］多年生草本，高5~20cm。叶基生，披针形或长圆形，叶基截形或楔形，叶缘具圆齿。花单生，紫色，常具紫色条纹；萼片5，基部具短附属物；花瓣5，下面一瓣具直而细长的距。蒴果长圆形，3瓣裂。花期4~5月，果期5~8月。

［分布及生境］路边、草地、荒地、林下、山沟均有。保护区内停车场周边较为常见。

斑叶堇菜

拉丁名 *Viola variegata*　英文名 Variegatedleaf Violet　堇菜科 Violaceae

[形态特征] 多年生草本，无地上茎，高3~12cm。叶均基生，叶片圆形或圆卵形，长1.2~5cm，宽1~4.5cm，先端圆形或钝，基部明显呈心形，边缘具平而圆的钝齿，上面暗绿色或绿色，沿叶脉有明显的白色斑纹，下面通常稍带紫红色。花红紫色或暗紫色。蒴果椭圆形，花期4月下旬至5月，果期5~9月。

[分布及生境] 生于山坡草地、林下、灌丛中或阴处岩石缝隙中。保护区内松闫公路两侧生长较多。

牛泷草

拉丁名 *Circaea cordata*　　英文名 Fourangled Dewdropgrass　　柳叶菜科 Onagraceae

［形态特征］粗壮草本，高20~150cm，被平伸的长柔毛、镰状外弯的曲柔毛和顶端头状或棒状的腺毛，毛被通常较密。叶狭卵形至宽卵形，中部的长4~11cm，宽2.3~7cm，基部常心形，有时阔楔形至阔圆形或截形。单总状花序顶生，或基部具分枝，长约2~20cm；花梗被毛；花管长0.6~1mm；萼片卵形至阔卵形，长2~3.7mm，宽1.4~2mm，白色或淡绿色，开花时反曲，先端钝圆形，花瓣白色，倒卵形至阔倒卵形，长1~2.4mm，宽1.2~3.1mm；雄蕊伸展，略短于花柱或与花柱近等长。果实斜倒卵形至透镜形，成熟果实连果梗长4.4~7mm。花期6~8月，果期7~9月。

光滑柳叶菜

拉丁名 *Epilobium amurense* subsp. *cephalostigma* 英文名 Capitatestigma Willowweed

柳叶菜科 Onagraceae

[形态特征] 多年生草本，高25~60cm。茎上部具分枝。叶长圆状披针形，基部楔形，边缘具明显不整齐细锯齿。花单生叶腋，淡紫红色；萼裂片4；花瓣4，倒卵形，先端2裂，花柱细，柱头头状。蒴果线形，4瓣裂，种子具白色种缨。花期7~8月，果期8~9月。

[分布及生境] 生于林缘、溪流旁及山沟湿草地，海拔约1000m。

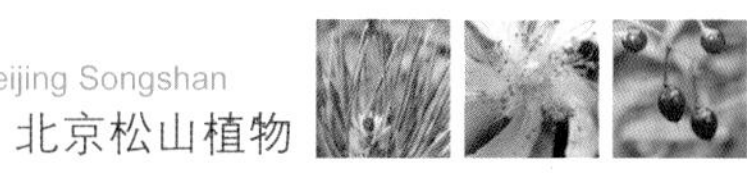
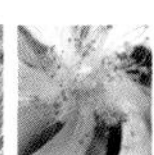

柳　兰

拉丁名 *Epilobium angustifolium*　　柳叶菜科　Onagraceae

［形态特征］多年粗壮草本，直立，丛生。茎高20~130cm，下部多少木质化。叶螺旋状互生，稀近基部对生，无柄，茎下部的近膜质，披针状长圆形至倒卵形，长0.5~2cm，常枯萎，褐色，中上部的叶近革质，线状披针形或狭披针形，长7~14cm，宽 0.7~1.3cm，先端渐狭，基部钝圆或有时宽楔形。花序总状，直立，长5~40cm，无毛；花梗长0.5~1.8cm；花管缺，花盘深0.5~1mm，径2~4mm；萼片粉红至紫红色，稀白色，稍不等大，上面2枚较长大，倒卵形或狭倒卵形，长9~15mm，宽3~9mm，全缘或先端具浅凹缺；果梗长0.5~1.9cm。种子狭倒卵状。花期6~9月，果期8~10月。

刺五加

拉丁名 *Acanthopanax senticosus* 英文名 Manyprickle Acathopanax 五加科 Araliaceae

[形态特征] 落叶灌木，高1~6m。茎密生细长倒刺。掌状复叶互生，小叶5，稀4或3，边缘具尖锐重锯齿或锯齿。伞形花序顶生，单一或2~4个聚生，花多而密；花萼具5齿；花瓣5，卵形；雄蕊5。浆果状核果近球形或卵形，干后具5棱，有宿存花柱。花期6~7月，果期8~10月。

[分布及生境] 生于山地林下及林缘。往观鸟平台的土路边有生长。

[用途] 主治风寒湿痹、筋骨挛急、腰痛、阳痿、脚弱脚气、疮疽肿毒、跌打劳伤。益气健脾，补肾安神，对于脾肾脏阳虚、体虚乏力、食欲不振、腰膝酸痛、失眠多梦尤为有效。

无梗五加

拉丁名 *Acanthopanax sessiliforus* 英文名 Sessileflower Acanthopanax 五加科 Araliaceae

[形态特征] 落叶灌木，高达4m。枝上有锥形的硬刺或无刺。掌状复叶互生，小叶3~5枚，矩圆状倒卵形或倒卵形至矩圆状倒披针形，有不规则锯齿。头状花序球形，常3~6个再组成圆锥花序；花无梗，萼筒密生白色茸毛；花瓣5，暗紫色。浆果近球形，果熟时黑色。花期8月，果期9~10月。

[分布及生境] 生于山地林下，林缘。

[用途] 根皮为著名中药，可祛风化湿、健胃利尿，提高机体抵抗力。

白 芷

拉丁名 *Angelica dahurica* 英文名 Baizhi Angelica 伞形科 Apiaceae

[形态特征] 多年生草本，高1~2m。根粗壮，具香气。茎粗壮，暗紫红色。基生叶及茎下部叶叶鞘膨大，叶片2~3回羽状全裂，茎上部叶叶鞘囊状，无叶片。大型复伞花序，伞梗多数；花白色，5基数。双悬果椭圆形，侧棱具翅。花期7~8月，果期8~9月。

[分布及生境] 生于山坡草地、林缘及灌丛间。保护区鸳鸯岩处有分布。

[用途] 祛风散寒，通窍止痛，消肿排脓，燥湿止带。

北柴胡

拉丁名 *Bupleurum chinense* 伞形科 Apiaceae

[形态特征] 多年生草本，高50~85cm。主根较粗大，棕褐色，质坚硬。茎单一或数茎，表面有细纵槽纹。基生叶倒披针形或狭椭圆形，早枯落；茎中部叶倒披针形或广线状披针形，基部收缩成叶鞘抱茎，脉7~9，叶表面鲜绿色，背面淡绿色，常有白霜；茎顶部叶同形，但更小。复伞形花序很多，花序梗细，常水平伸出，形成疏松的圆锥状；花瓣鲜黄色，上部向内折，中肋隆起，小舌片矩圆形，顶端2浅裂；花柱基深黄色，宽于子房。果广椭圆形，棕色，两侧略扁。花期9月，果期10月。

[分布及生境] 生长在岸旁、向阳山坡路边及草丛中。保护区鸳鸯岩处有分布。

[用途] 以根入药，性微寒、味苦，功能解表退热、疏肝解郁。

短毛独活

拉丁名 *Heracleum moellendorffii*　英文名 Shorthair Cowparsnip　伞形科 Apiaceae

[形态特征] 多年生草本，高70~150cm。全株被短硬毛，茎直立，粗壮，中空，上部分枝。基生叶与下部叶具长柄，三出或羽状全裂，裂片再3~5裂；茎上部叶叶鞘囊状，叶片退化。复伞形花序，花白色，异型。花期7~8月，果期8~9月。

[分布及生境] 生于山坡林下、林缘及山沟溪边。鸳鸯岩处有生长。

防 风

拉丁名 *Saposhnikovia divaricata* 英文名 Fangfeng 伞形科 Apiaceae

［形态特征］多年生草本，高30~80cm，全体无毛。根粗壮。茎基密生褐色纤维状的叶柄残基；茎单生，2歧分枝。基生叶三角状卵形，2~3回羽状全裂；顶生叶简化，具扩展叶鞘。复伞形花序，顶生；伞梗5~9；花瓣5，白色。双悬果卵形，幼嫩时具疣状突起，成熟时裂开成2分果，悬挂在二果柄的顶端，分果有棱。花期8~9月；果期9~10月。

［分布及生境］野生于山坡草丛中或路旁，高山中部和下部。保护区内三叠水凉亭边有生长。

照山白

拉丁名 *Rhododendron micranthum*　英文名 Whited-hill Azalea　杜鹃花科 Ericaceae

［形态特征］半常绿灌木，高达2m。多分枝。叶互生，革质；椭圆状披针形或狭卵圆形，边缘有疏浅齿或不明显，基部楔形，上面绿色，下面密生褐色腺鳞。花密生成总状花序，顶生；花萼5裂；花冠钟形白色，5裂，裂片卵形；雄蕊10；雌蕊1。蒴果长圆形，成熟后褐色，5裂，外面有鳞片，花期5~7月，果期6~8月。

［分布及生境］野生于山坡、山沟石缝。保护区内三叠水处有分布。

［用途］治疗支气管炎、痢疾、产后身痛、骨折。

迎红杜鹃

拉丁名 *Rhododendron mucronulatum* 英文名 Korea Azalea 杜鹃花科 Ericaceae

［形态特征］落叶灌木，高1~2m。多分枝，幼枝具鳞片。叶互生，质薄，椭圆形至披针形，两面疏生鳞片。花单生或2~5朵簇生，先叶开花；花萼5裂，花冠漏斗状，淡紫红色，5裂。蒴果圆柱形，密被褐色鳞片，花柱宿存。花期5~6月，果期6~7月。

［分布及生境］生于山坡林下及灌丛中。保护区内百瀑泉处有分布。

点地梅

拉丁名 *Androsace umbellata* 英文名 Umellate Rockjasmine 报春花科 Primulaceae

[形态特征] 一年生小草本，高10~15cm，全株被细柔毛。叶基生，卵圆形，边缘有钝齿。花莛数条由基部抽出，伞形花序具花4~15朵，花梗纤细；花萼钟状，5深裂；花冠筒状，裂片5，白色，喉部黄色，紧缩。蒴果圆形，5瓣裂。花期4~5月，果期6月。

[分布及生境] 生于向阳地、疏林下及林缘。保护区内塘子沟路边及百瀑泉油松林有生长。

[用途] 清热解毒，消肿止痛。用于治疗扁桃体炎、咽喉炎、风火赤眼、跌打损伤以及咽喉肿痛等症。

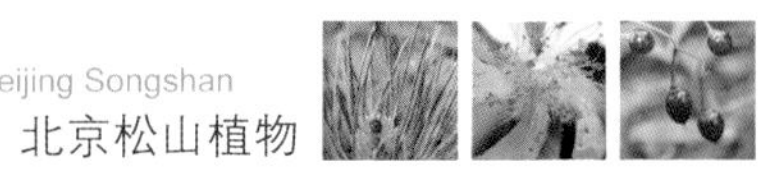
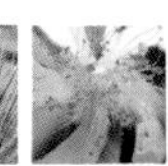

北京假报春

拉丁名 *Cortusa matthioli*　　英文名 Peking Cortusa　　报春花科 Primulaceae

[形态特征] 多年生草本，高20~40cm。叶基生，具长柄，心状圆形，掌状7~9裂，裂片有粗齿。伞形花序具花5~11朵；花莛纤细，下弯，不等长；花萼5裂；花冠漏斗状，紫红色，5裂，花柱伸出花冠外。蒴果，5裂。花期6月，果期7~8月。

[分布及生境] 生于亚高山草甸及山地林下。

[用途] 花美丽，为优良观赏植物。

胭脂花

拉丁名 *Primula maximowiczii* 英文名 Maximowiczii Primrose 报春花科 Primulaceae

[形态特征] 多年生草本，高25~50cm。叶基生，长圆状倒披针形，边缘具细齿。花莛粗壮，高25~50cm，有1~3轮伞形花序，每轮具4~20朵花，暗红色；花萼钟形；花冠筒状，裂片5，反折。蒴果圆柱形，伸出宿存萼外。花期6月，果期7~8月。

[分布及生境] 生于亚高山草甸或山地林下、林缘及潮湿腐殖质丰富的地方。

[用途] 观赏植物。

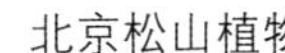

大叶白蜡

拉丁名 *Fraxinus rhynchophylla* 英文名 Beakleaf Ash 木犀科 Oleaceae

［形态特征］落叶乔木，高8~15m。树皮褐灰色，一年生枝条褐绿色，后变灰褐色。叶对生，奇数羽状复叶，小叶3~7，多为5；顶端中央小叶特大，基部楔形或阔楔形，先端尖或钝尖，边缘有浅而粗的钝锯齿，下面脉上有褐毛，叶基下延，微呈翅状或与小叶柄结合。圆锥花序顶生于当年生枝先端或叶腋；萼钟状或杯状；无花冠。翅果倒披针状，花期5月，果期8~9月。

［分布及生境］生于山坡阔叶杂木林中。保护区内塘子沟鸳鸯岩处有生长。

紫丁香

拉丁名 *Syringa oblata* 英文名 Early Lilac 木犀科 Oleaceae

[形态特征] 灌木或小乔木，高可达4m，枝条粗壮无毛。叶广卵形，通常宽度大于长度，宽5~10cm，端尖锐，基心形或楔形，全缘，两面无毛。圆锥花序长6~15cm；花萼钟状，有4齿；花冠堇紫色，端4裂开展；花药生于花冠中部或中上部。蒴果长圆形，顶端尖，平滑。花期4月。

[分布及生境] 喜光，在湿润、肥沃、排水良好的山坡生长。

[用途] 叶可以入药，味苦、性寒，有清热燥湿的作用。

暴马丁香

拉丁名 *Syringa reticulata* var. *amurensis* 英文名 Amur Lilac 木犀科 Oleaceae

[形态特征] 落叶小乔木，高达10m。树皮紫灰色，粗糙，常不开裂。单叶对生，叶片多卵形或广卵形，厚纸质至革质，先端突尖或短渐尖，基部通常圆形或近心形，全缘。圆锥花序大型，侧生，花萼、花冠 4 裂，白色；雄蕊2，长为花冠筒的2倍。蒴果长圆形。花期 6 月，果熟期 9 月。

[分布及生境] 常生于山地针阔混交林内、林缘、路边、河岸及河谷灌丛中。保护区内三叠水有生长。

[用途] 全株可入药，具有清热解毒、镇咳祛痰的作用。可治疗支气管癌、肉瘤、白血病、高血压、心脏病、浮肿、动脉硬化等疾病。

笔龙胆

拉丁名 *Gentiana zellingeri* 龙胆科 Gentianaceae

［形态特征］一至二年生草本。株高3~6cm。茎上叶卵形或广卵形，先端成小凸头或芒尖。花1至数朵生于枝端，有短梗；花萼漏斗状，较花冠短一半，5裂；花冠蓝色，漏斗状钟形。蒴果。花期5月，果期6~7月。

［分布及生境］生于山坡，较少见。保护区内松闫公路两侧大庄科村路段有分布。

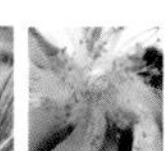

白首乌

拉丁名 *Cynanchum bungei* 英文名 Bunge Auriculate Root 萝藦科 Asclepiadaceae

[形态特征] 多年生缠绕草本，茎长1~1.5m。块根粗壮。单叶对生，戟形，基部心形，被短毛。伞状聚伞花序，腋生；花萼5深裂；花冠辐状，白色，5裂，裂片反卷，副花冠5深裂，内有1舌状附属物；花药顶端具白色膜片。蓇葖果长角状。花期6~7月，果期7~9月。

[分布及生境] 生于沟谷、山坡灌丛内。保护区内塘子沟百瀑泉处有分布。

[主治] 治久病虚弱，慢性风痹，腰膝酸软，贫血，肠出血，须发早白，神经衰弱，阴虚久疟，溃疡久不收口，老人便秘。

打碗花

拉丁名 *Calystegia hederacea* 旋花科 Convolvulaceae

[形态特征] 多年生草质藤本。主根较粗长，横走。茎细弱，匍匐或攀援。叶互生，叶片三角状戟形或三角状卵形，侧裂片展开，常再2裂。花萼外有2片大苞片，卵圆形；萼片5，宿存；花冠漏斗形（喇叭状），粉红色或白色，口近圆形微呈五角形。蒴果。

[分布及生境] 保护区内停车场周边有生长。

[用途] 根状茎：健脾益气，利尿，调经，止带；用于脾虚消化不良，月经不调，白带多，乳汁稀少。花：止痛；外用治牙痛。

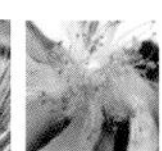
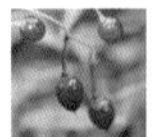

田旋花

拉丁名 *Convolvulus arvensis* 旋花科 Convolvulaceae

［形态特征］多年生草本，近无毛。根状茎横走。茎平卧或缠绕，有棱。叶片戟形或箭形，全缘或3裂，先端近圆或微尖，有小突尖头；中裂片卵状椭圆形、狭三角形、披针状椭圆形或线形；侧裂片开展或呈耳形。花1~3朵腋生；花梗细弱；苞片线形，与萼远离；萼片倒卵状圆形，无毛或被疏毛；缘膜质；花冠漏斗形，粉红色、白色，外面有柔毛，褶上无毛，有不明显的5浅裂；雄蕊的花丝基部肿大，有小鳞毛；子房2室，有毛，柱头2，狭长。蒴果球形或圆锥状，无毛。花期5~8月，果期7~9月。

［分布及生境］生于耕地及荒坡草地、村边路旁。

［用途］祛风止痒；止痛。主治风湿痹痛、牙痛、神经性皮炎。

日本菟丝子

拉丁名 *Cuscuta japonica* 旋花科 Convolvulaceae

［形态特征］一年生草本。缠绕茎，橘红色，常带紫红色瘤状斑点。菟丝子没有叶子，茎的任何接触其他植物的部位，都可形成小的突起，演化成寄生根，扎入寄主植物的茎、叶柄以及叶中，从寄主的植物体内吸取水分、无机盐及各种营养物质，为完全寄生的植物。花呈穗状花序，基部常多分枝；苞片和小苞片鳞状，卵圆形，顶端尖；花萼碗状，肉质，裂片5，背面常被紫红色的瘤状突起；花冠钟状，淡红色或绿白色，顶端5浅裂；雄蕊5枚着生于花冠裂片之间；子房球形，2室，花柱细长，柱头2裂。蒴果，卵圆形；种子褐色，表面光滑。花期7~8月，果期8~9月。

［分布及生境］寄生在植物之上。

［用途］种子具有补肝肾、益精壮阳和止泻的功效。

北鱼黄草

拉丁名 *Merremia sibirica* 英文名 Seed of Siberian Merremia 旋花科 Convolvulaceae

［形态特征］缠绕草本。全株近于无毛。茎圆柱形，具细棱。单叶互生，基部具小耳状假托叶；叶片卵状心形，基部心形，全缘或稍波状。聚伞花序腋生，有花3~7朵，花序梗明显具棱或狭翅；萼片椭圆形；花冠淡红色，钟状，冠檐具三角形裂片；雄蕊5。蒴果近球形，4瓣裂，椭圆状三棱形，黑色。花果期8~9月。

［分布及生境］生于路边、田边、山地草丛或山坡灌丛中。

［用途］可治劳伤疼痛、疔疮。

圆叶牵牛

拉丁名 *Pharbitis purpurea* 英文名 Common Morning-glory 旋花科 Convolvulaceae

［形态特征］多年生攀援草本，茎长2~3m，被短柔毛和倒向的长硬毛。叶圆卵形或阔卵形，基部心形，边缘全缘或3裂。花序1~5花；苞片线形；花冠紫色、淡红色或白色，漏斗状，无毛；雄蕊内藏，不等大，花丝基部被短柔毛；雌蕊内藏，子房无毛，柱头3裂。蒴果近球形，3瓣裂。花期5~10月，果期8~11月。

［分布及生境］常生于路边、野地和篱笆旁。

花 荵

拉丁名 *Polemonium coeruleum* 英文名 Common Polemonium 花荵科 Polemoniaceae

［形态特征］多年生草本，高30~100cm。奇数羽状复叶，互生，小叶狭披针形。聚伞状圆锥花序，花疏生，密被短腺毛；花萼钟状，5裂，花冠蓝紫色或蓝色，钟状；裂片5；雄蕊5，柱头3裂。蒴果球形，被宿存花萼所包。花期6~7月，果期8~9月。

［分布及生境］生于亚高山草甸及林缘。

［用途］可栽培观赏。

斑种草

拉丁名 *Bothriospermum chinense* 英文名 China Spotseed 紫草科 Boraginaceae

[形态特征] 一年生草本，高20~40cm。植株密被刚毛。单叶互生，基生叶匙形或倒披针形，茎生叶长圆形，边缘呈皱波状。聚伞花序，具卵形苞片；花萼5裂，花冠淡蓝色，裂片5，喉部有5附属物。小坚果4，肾形，有网状皱褶。花期4~5月，果期6~8月。

[分布及生境] 北京地区较为常见种，保护区温泉处有生长。

[用途] 主治清热燥湿，解毒消肿。可治湿疮、湿疹。

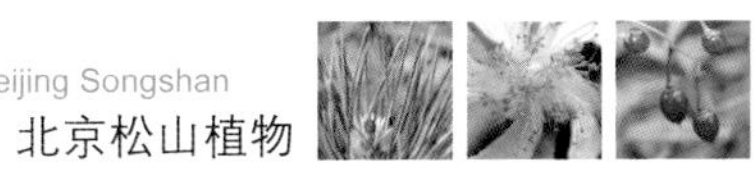

附地菜

拉丁名 *Trigonotis peduncularis* 英文名 Pedunculate Trigonotis 紫草科 Boraginaceae

[形态特征] 一年生草本，高5~30cm。茎通常从基部分枝，具平伏细毛。叶互生，匙形、椭圆形或披针形，两面均具平伏粗毛。总状花序顶生，细长，不具苞片；花通常生于花序的一侧，有柄；花萼5裂，裂片长圆形；花冠蓝色，5裂，裂片卵圆形；雄蕊5。小坚果4，三角状四边形，具锐棱。花期5~6月，果期7~8月。

[分布及生境] 生长于原野路旁。

[用途] 温中健胃，消肿止痛，止血。用于治疗胃痛、吐酸、吐血；外用治跌打损伤、骨折。

荆　条

拉丁名 *Vitex negundo*　英文名 Heterophyllous Chastetree　马鞭草科 Verbenaceae

［形态特征］落叶灌木，高1~2m，小枝四棱。叶对生，具长柄，5~7出掌状复叶，边缘具缺刻状锯齿或羽状裂，背面灰白色，被柔毛。花组成舒展的圆锥花序；花萼钟状，具5齿裂，宿存；花冠淡蓝色，二唇形；雄蕊4，2强。核果，球形或倒卵形。花期4~6月，果期7~8月。

［分布及生境］生于山地阳坡上，形成灌丛。保护区内山坡上分布有大面积的荆条灌丛。

藿　香

拉丁名 *Agastache rugosa*　英文名 Wrinkled Gianthyssop　唇形科 Labiatae

[形态特征] 多年生草本，高达1.5m。茎四棱，上部分枝。叶对生，卵形至披针状卵形，叶缘粗锯齿。轮伞花序组成顶生穗状花序；花萼管状钟形；花冠二唇形，淡紫蓝色；雄蕊4，二强。小坚果卵状长圆形，褐色。花期6~9月，果期9~11月。

[分布及生境] 生于山坡、草丛或林下。

[用途] 可提取香料；全草入药，有清凉解暑之功效。

白苞筋骨草

拉丁名 *Ajuga lupulina* 英文名 White Bracteole Bugle 唇形科 Labiatae

[形态特征] 多年生草本，高18~25cm，四棱形，具槽，沿棱及节上被白色具节长柔毛。叶片纸质，披针状长圆形，基部楔形，下延，边缘疏生波状圆齿。苞叶大，白黄、白或绿紫色，卵形或阔卵形，基部圆形，抱轴。花萼钟状或略呈漏斗状，萼齿5；花冠白、白绿或白黄色，具紫色斑纹，冠檐二唇形，上唇小，直立，2裂，裂片近圆形，下唇延伸，3裂，中裂片狭扇形；雄蕊4，二强，着生于冠筒中部；花盘杯状。小坚果倒卵状或倒卵长圆状三棱形。花期7~9月，果期8~10月。

[分布及生境] 生于高山草地或陡坡石缝中，海拔通常1900~2400m。

风轮菜

拉丁名 *Clinopodium chinense* 唇形科 Labiatae

[形态特征] 多年生草本，高20~60cm。茎四方形，多分枝，全体被柔毛。叶对生，卵形，顶端尖或钝，基部楔形，边缘有锯齿。花密集成轮伞花序，腋生或顶生；苞片线形、钻形，边缘有长缘毛；花萼筒状，绿色，萼筒外面脉上有粗硬毛，具5齿，分2唇；花冠淡红色或紫红色，外面及喉门下方有短毛，基部筒状，向上渐张开，上唇半圆形，顶端微凹，下唇3裂，侧片狭长圆形，中片心形，顶端微凹；雄蕊2，药室略叉开；花柱着生子房底，伸出冠筒外，2裂。小坚果宽卵形，棕黄色。花期7~8月，果期9~10月。

[分布及生境] 生长于草地、山坡、路旁。

香青兰

拉丁名 *Dracocephalum moldavica* 英文名 Frangrant Greenorchid 唇形科 Labiatae

［形态特征］一年生草本，高40~60cm。全株被毛。茎直立，四棱形。单叶对生；基生叶卵状三角形，边缘有圆齿，具长柄；茎生叶为线状披针形，叶缘具三角形牙齿。轮伞花序通常具4花，苞片齿尖具长刺；花冠淡蓝紫色，二唇形；雄蕊4，二强。小坚果椭圆形，光滑。花期7~8月，果期8~9月。

［分布及生境］生于干燥山谷、山坡及路旁。

木本香薷

拉丁名 *Elsholtzia stauntoni*　英文名 Wood Elsholtzia　唇形科 Labiatae

［形态特征］落叶亚灌木，株高0.7~1.7m。茎上部多分枝，常带紫红色。叶对生，椭圆状披针形，叶缘粗锯齿。轮伞花序组成顶生穗状花序，花偏向一侧；苞片披针形；花冠二唇形，淡红紫色；雄蕊4，二强。小坚果椭圆形，光滑。花果期7~10月。

［分布及生境］生于干燥山谷、山坡及路旁。

夏至草

拉丁名 *Lagopsis supina*　英文名 Herba Lagopsis　唇形科 Labiatae

[形态特征] 多年生草本。叶圆形，掌状浅裂或深裂。轮伞花序腋生，多花密集；小苞片针刺状；花小，白色、黄色至褐紫色；花萼管形或管状钟形，具10脉，齿5，其中2齿稍大；花冠筒内面无毛环，冠檐二唇形，上唇直伸，全缘或间有微缺，下唇平展，3裂；雄蕊4，细小，内藏。小坚果卵圆状三棱形，光滑或具鳞秕，或具细网纹。花期5~6月，果期7~8月。

[分布及生境] 生于路旁、荒地。

[用途] 养血调经。用于治疗贫血性头晕、半身不遂、月经不调。

益母草

拉丁名 *Leonurus japonicus* 英文名 Wormwoodlike Motherwort 唇形科 Labiatae

［形态特征］一或二年生草本，高达1m。茎四棱，常分枝。叶对生，3全裂，裂片又羽状分裂。轮伞花序腋生，具花8~15朵；花萼管状，被毛，具5刺状齿；花冠白色或粉红色，二唇形；雄蕊4，二强。小坚果长圆形。花期7~9月，果期9~10月。

［分布及生境］生于向阳山坡、山沟及路旁。

［用途］全草入药，有调经活血的作用。

薄 荷

拉丁名 *Mentha haplocalyx* 英文名 Peppermint 唇形科 Labiatae

［形态特征］多年生草本，高30~100cm。茎四棱。叶对生，长圆状披针形或椭圆形，基部以上边缘有锯齿，两面沿脉密生毛或腺点。轮伞花序腋生；花萼管状，齿尖；花冠淡紫色，二唇形；雄蕊4，二强，外伸。小坚果黄褐色，长圆形。花期7~9月，果期8~10月。

［分布及生境］生于水旁潮湿地，保护区内塘子沟松月潭有生长。

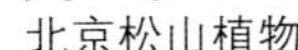

糙　苏

拉丁名 *Phlomis umbrosa*　　英文名 Jerusalemsage　　唇形科 Labiatae

［形态特征］多年生直立草本，高可达1.5m。全株疏被柔毛。茎四棱，多分枝。叶对生，近圆形或卵状长圆形，叶缘具锯齿状圆齿。轮伞花序腋生，常具4~8花；花萼筒形，花冠红色至紫红色，二唇形；雄蕊4，二强，内藏。小坚果无毛。花期7~8月，果期8~9月。

［分布及生境］生于林下。保护区内塘子沟旅游步道两侧较常见。

［用途］祛风活络，强筋壮骨，消肿。用于治疗感冒、慢性支气管炎、风湿关节痛、腰痛、跌打损伤、疮疖肿毒。

蓝萼香茶菜

拉丁名 *Rabdosia japonica*　　英文名 Skullcap　　唇形科 Labiatae

［形态特征］多年生高大草本，高40~200cm。茎直立，基部木质。叶对生，卵形至阔卵形，基部宽楔形，具长柄。轮伞花序排列成疏松的顶生圆锥花序；花萼筒状，蓝色，果时增大；花冠白色至蓝紫色，二唇形；二强雄蕊。小坚果倒卵形。花期6~9月，果期9~10月。

［用途］清热解毒，活血化瘀。用于治疗感冒、咽喉肿痛、扁桃体炎、胃炎、肝炎、乳腺炎、癌症（食道癌、贲门癌、肝癌、乳腺癌）初起、闭经、跌打损伤、关节痛、蛇虫咬伤。

荫生鼠尾草

拉丁名 *Salvia umbratica* 英文名 Shady Sage 唇形科 Labiatae

[形态特征] 一至二年生直立草本，高达1.2m。全株被毛。叶对生，三角形，先端尾状渐尖，基部心形或戟形。轮伞花序具花2朵，组成腋生或顶生总状花序；花萼钟状，二唇形；花冠蓝紫色，二唇形；能育雄蕊2。小坚果椭圆形。花期8~9月，果期9~10月。

[分布及生境] 生于阴湿坡地、山沟及路旁。

[用途] 全草入药，可治疗咽炎。

曼陀罗

拉丁名 *Datura stramonium* 英文名 Jimsonweed 茄科 Solanaceae

[形态特征] 一年生草本，高达1.5m。单叶互生，宽卵形，基部不对称楔形，边缘不规则波状浅裂。花单生腋或分叉处，白色或淡紫色；花萼筒状，具5棱；花冠漏斗状，5浅裂。蒴果卵形，表面具硬针刺，规则4瓣裂。花期6~9月，果期7~11月。

[分布及生境] 生于路边或草地上。

[用途] 全株有毒，可入药，有镇痉、镇痛、麻醉之效。

野海茄

拉丁名 *Solanum japonense* 茄科 Solanaceae

［形态特征］草质藤本，长50~120cm。叶三角状阔披针形或卵状披针形，基部圆或宽楔形，边缘波状，有时3~5裂，侧裂片短钝，中裂片卵状披针形，中脉明显，侧脉纤细。聚伞花序顶生或腋外生；萼浅杯状，萼齿三角形；花冠紫色，花冠筒长约1mm，内藏，冠檐基部有5个绿色斑点，先端5深裂；雄蕊着生于花冠筒喉部。浆果圆形，成熟后红色，种子肾形。花期6~7月，果熟期8~9月。

［分布及生境］生长于荒坡、山谷、水边、路旁。

柳穿鱼

拉丁名 *Linaria vulgaris* 玄参科 Scrophulariaceae

[形态特征] 多年生草本，高50~100cm。茎直立，上部多分枝，光滑无毛。单叶互生，叶片披针形或线状披针形，顶端渐尖，基部渐狭并下延，无柄，全缘，无毛。花较密，在茎的顶端排列成总状花序；花萼分裂几达基部，裂片宽披针形，长约3mm；花冠淡黄色，二唇形；雄蕊4，2长2短；花柱1，线形，柱头细小。蒴果卵圆形或球形，直径约2mm，开裂，种子多数，细小。花期6~9月，果期8~10月。

[分布及生境] 生于沙地、山坡草地及路边。

短茎马先蒿

拉丁名 *Pedicularis artslaeri* 英文名 Shortstem Woodbetony 玄参科 Scrophulariaceae

［形态特征］多年生小草本，高3~6cm。根肉质。茎数个丛生，极短。叶铺散，密被茸毛，羽状全裂，裂片8~14对，再羽状分裂。花腋生，花梗细长，被柔毛；花萼裂片5，叶状；花冠浅紫红色，二唇形；二强雄蕊。蒴果卵形，被花萼包围。花期5~6月，果期7~8月。

［分布及生境］生于潮湿地、岩石山坡或林下，海拔750m以上。

［用途］可栽培供观赏。

返顾马先蒿

拉丁名 *Pedicularis resupinata*　英文名 Resupinate Woodbetony　玄参科 Scrophulariaceae

[形态特征] 多年生草本，株高30~70cm。叶互生，叶片披针形、长圆状披针形，边缘具钝圆的羽状缺刻状的重锯齿，羽状浅裂或中裂。花序占植株大部分，花单朵腋生，苞片叶状；花萼绿色，一侧深裂，有2齿；花冠二唇形，淡紫红色，花冠筒自基部起向右扭旋；二强雄蕊。蒴果，偏斜长圆状披针形。花期7~8月，果期8~9月。

[分布及生境] 生于山坡、林缘草甸及沟谷。保护区内前往观鸟平台的交叉路口处有生长。

[用途] 根入药，主治风湿性关节炎、尿路结石、疥疮。

红纹马先蒿

拉丁名 *Pedicularis striata* 英文名 Redstriate Woodbetony 玄参科 Scrophulariaceae

[形态特征] 多年生草本，高20~60cm。被短卷毛。叶互生，长圆状披针形，羽状全裂，裂片线形，有小锯齿。花序穗状，多花密集，苞片叶状；花萼钟形，5齿不等长；花冠黄色，带红色细脉纹，上唇呈镰刀形弯曲。蒴果椭圆形。花期6~7月，果期8~9月。

[分布及生境] 生于山坡、林下、林缘、草甸或疏林中。

松　蒿

拉丁名　*Phtheirospermum japonicum*　　英文名　Japanese Phtheirospermum

玄参科　Scrophulariaceae

［形态特征］一年生直立草本，全体被腺毛。茎高10~80cm，多分枝。叶对生；羽状全裂、深裂至浅裂，裂片边缘具重锯齿。花萼钟状，5裂，裂片叶状，羽状深裂；花冠粉红色，上唇2裂，反卷，下唇3裂，有2条皱褶，上面被白色长柔毛。蒴果，有腺毛。花期6~8月，果期8~9月。

［分布及生境］生于山坡、沟边或林下。

［用途］全草入药，能清热。主治湿热黄疸、水肿等症。

地 黄

拉丁名 *Rehmannia glutinosa* 英文名 Adhesive Rehmannia 玄参科 Scrophulariaceae

[形态特征] 多年生草本，高10~30cm。全株有白色长柔毛和腺毛。叶基生成丛，倒卵状披针形，基部渐狭成柄，边缘有不整齐钝齿，叶面皱缩，下面略带紫色。花茎由叶丛抽出，花序总状，顶生；萼5浅裂；花冠钟形，略二唇状，紫红色，内面常有黄色带紫的条纹。蒴果球形或卵圆形，具宿萼和花柱。花期4~6月，果期7~8月。

[分布及生境] 生于山坡、路旁。保护区内鸳鸯岩凉亭处有生长。

[用途] 鲜地黄清热生津，凉血，止血；用于治疗热风伤阴、舌绛烦渴、发斑发疹、吐血、衄血、咽喉肿痛。生地黄清热凉血，养阴，生津；用于治疗热病烦渴、发斑发疹、阴虚内热、吐血、衄血、糖尿病、传染性肝炎。

刘寄奴（阴行草）

拉丁名 *Siphonostegia chinensis* 英文名 China Siphonostegia 玄参科 Scrophulariaceae

[形态特征] 一年生草本，高30~50cm。全株被锈色短毛。叶对生，2回羽状裂，裂片线形。花对生，呈稀疏总状花序；花萼细长筒状，10脉明显突出；花冠二唇形，上唇盔形，带紫色，下唇黄色；二强雄蕊。蒴果长圆形。花期7~8月，果期9~10月。

[分布及生境] 生于山坡、灌丛及草地，海拔300m以上。

[用途] 全草入药，能清热解毒、祛瘀止痛。

北水苦荬

拉丁名 *Veronica anagllis-aquatica* 玄参科 Scrophulariaceae

［形态特征］多年生草本，通常全体无毛。根茎斜走。茎直立或基部倾斜，不分枝或分枝，高10~100cm。叶无柄，上部的半抱茎，多为椭圆形或长卵形，少为卵状矩圆形，更少为披针形，长2~10cm，宽1~3.5cm，全缘或有疏而小的锯齿。花序比叶长，多花；花梗与苞片近等长，上升，与花序轴成锐角，果期弯曲向上，使蒴果靠近花序轴，花序通常不宽于1cm；花萼裂片卵状披针形，急尖，长约3mm，果期直立或叉开，不紧贴蒴果；花冠浅蓝色，浅紫色或白色，直径4~5mm，裂片宽卵形；雄蕊短于花冠。蒴果近圆形，长宽近相等，几乎与萼等长，顶端圆钝而微凹，花柱长约2mm。花期4~9月。

［分布及生境］生于溪水边或沼泽地。

细叶婆婆纳

拉丁名 *Veronica linariifolia* 英文名 Linearleaf Speedwell 玄参科 Scrophulariaceae

［形态特征］多年生草本；茎直立，高达80cm，常不分枝，偶上部分枝。叶下部的对生，上部的互生；条形至长椭圆形，上部有三角形锯齿；几无叶柄。总状花序顶生，长穗状；花淡蓝紫色，偶白色，4裂；雄蕊2，花丝伸出花冠外。蒴果卵球状。花期7~9月。

［分布及生境］生于山间草地、灌丛间或路边阳光充足的地方。

草本威灵仙（轮叶婆婆纳）

拉丁名 *Veronicastrum sibiricum* 英文名 Herb Ascitesgrass 玄参科 Scrophulariaceae

[形态特征] 多年生草本，高达1m以上，根状茎横走。叶4~8枚轮生，近无柄，披针形，边缘具尖锯齿。穗状花序顶生，长尾状；苞片线形；花萼5深裂；裂片线形；花冠青紫色，筒状，顶端4裂；雄蕊2，外露。蒴果卵形。花期6~8月，果期8~9月。

[分布及生境] 生于林缘草甸、山坡草地及灌丛中，海拔约1000m。

角　蒿

拉丁名 *Incarvillea sinensis*　英文名 China Hornsage　紫葳科 Bignoniaceae

［形态特征］多年生草本，高60~180cm。具茎，分枝。叶互生，2~3回羽状深裂，小叶不规则细裂呈线状披针形。顶生总状花序，疏散；花冠淡红色微带紫，钟状漏斗形，基部实收缩成细管，花冠裂片半圆形；花萼5裂，钟形；雄蕊内藏；花柱淡黄色。蒴果淡绿色，圆柱形细长。花期5~8月，果期8~10月。

［分布及生境］生于山坡、灌丛、路边等。

黄花列当

拉丁名 *Orobanche pycnostachya* 列当科 Orobanchaceae

［形态特征］一年生寄生草本。株高10~34cm，植株密被腺毛。茎直立，常不分枝，圆柱形，基部常膨大，黄褐色。叶为鳞片状，卵状披针形。穗状花序顶生，密生腺毛；花冠淡黄色，有时为白色，二唇形；雄蕊4，二强；子房长圆形，花柱细长。蒴果，成熟后两裂；种子小，褐黑色，多数，扁球形。花期6~8月，果期7~9月。

［分布及生境］生于沙丘、山坡、草地。主要寄生于蒿属植物的根上。

［用途］全草入药，具有补肾助阳、强筋骨的功能。

透骨草

拉丁名 *Phryma leptostachya* 英文名 Lopseed 透骨草科 Phrymaceae

[形态特征] 多年生草本，高达1m。茎具4棱。单叶对生，三角状卵形，边缘具粗锯齿。总状花序细长呈穗状，花小，白色或带淡紫色，疏生；花萼5齿裂，上唇3齿刺芒状，下唇2齿较短，花冠二唇形；雄蕊4，二强。瘦果包于宿存萼内，下垂。花期6~8月，果期8~10月。

[分布及生境] 生于山坡草地、林下及阴湿山谷。

[用途] 全草入药，可清热利湿、活血消肿。

车 前

拉丁名 *Plantago asiatica* 英文名 Asia Plantain 车前科 Plantaginaceae

[形态特征] 多年生草本，高20~60cm，全体光滑或稍有短毛。根茎短而肥厚，着生多数须根。根出叶外展，全缘或有波状浅齿，基部狭窄成叶柄，叶柄和叶片几等长，基部膨大。穗状花序排列不紧密，花绿白色。蒴果椭圆形，近中部开裂，基部有不脱落的花萼，果内有种子6~8粒，细小，黑色。花果期4~8月。

[分布及生境] 保护区内松闫公路路旁较常见。

六叶葎

拉丁名 *Galium asperuloides* subsp. *hoffmeisteri*　　茜草科　Rubiaceae

［形态特征］叶片薄，纸质或膜质，生于茎中部以上的常6片轮生，生于茎下部的常4~5片轮生，长圆状倒卵形、倒披针形、卵形或椭圆形，顶端钝圆而具凸尖，基部渐狭或楔形，上面散生糙伏毛。聚伞花序顶生和生于上部叶腋，少花，2~3次分枝，常广歧式叉开，总花梗长可达6cm，无毛；苞片常成对，披针形；花小；花梗长0.5~1.5mm；花冠白色或黄绿色，裂片卵形，长约1.3mm，宽约1mm；雄蕊伸出；花柱顶部2裂，长约0.7mm。果近球形，单生或双生，密被钩毛；果柄长达1cm。花期4~8月，果期5~9月。

［分布及生境］生于山坡、沟边、河滩、草地的草丛或灌丛中及林下，海拔920~3800m。

蓬子菜

拉丁名 *Galium verum* 英文名 Yellow Bedstraw 茜草科 Rubiaceae

［形态特征］多年生草本，高40~100cm。茎直立，四棱形，无刺。叶常6~10枚轮生，无柄，狭线形，具1脉；托叶叶状。多花密集成圆锥状聚伞花序；萼筒与子房愈合；花冠辐状，黄色，4裂。蒴果双头形，无毛。花期6~7月，果期7~8月。

［分布及生境］生于山坡草地或林缘。

［用途］全草入药，消肿祛瘀。

茜　草

拉丁名 *Rubia cordifolia*　英文名 India Madder　茜草科 Rubiaceae

［形态特征］多年生攀援草本，长50~200cm。茎蔓生，多分枝，四棱，沿棱具倒生刺。叶常4枚轮生，卵状披针形，叶脉5条，叶柄、叶脉、叶缘具倒生刺。聚伞花序，花小，黄白色，5基数；萼筒近球形；花冠辐状。浆果球形，肉质，红色。花期6~8月，果期8~9月。

［分布及生境］生于林缘、灌丛、草地。

［用途］根可做红色染料，也可药用，通经活血。

六道木

拉丁名 *Abelia biflora* 英文名 Biflower Abelia 忍冬科 Caprifoliaceae

［形态特征］落叶灌木，高1~3m。茎和枝具6条纵沟。单叶对生，卵状披针形，全缘或具缺刻状锯齿。花2朵并生于侧枝顶端；花萼4裂，叶状；花冠筒状，淡黄色，裂片4；雄蕊4，二强。瘦果状核果，弯曲。花期6~7月，果期8~9月。

［分布及生境］生于山坡灌丛中。保护区内塘子沟三叠水凉亭周边有分布。

［用途］用于治疗风湿筋骨疼痛、痈疮红肿。

刚毛忍冬

拉丁名 *Lonicera hispida* 忍冬科 Caprifoliaceae

[形态特征] 落叶灌木；幼枝常连同叶柄和总花梗均具刚毛或兼具微糙毛和腺毛，老枝灰色或灰褐色。叶厚纸质，椭圆形、卵状椭圆形，长3~7cm，近无毛或下面脉上有少数刚伏毛或两面均有疏或密的刚伏毛和短糙毛，边缘有刚睫毛。总花梗长1~1.5cm；相邻两萼筒分离，常具刚毛和腺毛，稀无毛；花冠白色或淡黄色，漏斗状，近整齐，长 2.5~3cm，雄蕊与花冠等长。果实先黄色后变红色，卵圆形至长圆筒形。花期5~6月，果熟期7~9月。

丁香叶忍冬

拉丁名 *Lonicera oblata* 忍冬科 Caprifoliaceae

［形态特征］小灌木，高60~120cm，幼枝灰白色，老枝树皮剥落，髓心白色。叶片三角状广卵形，似紫丁香叶，草质，先端突尖，基部平截，长4~5cm，宽4~6cm，叶柄长约5cm。花生于新枝近基部叶腋间。果近球形，红色，长约7mm，宽5mm。

［分布及生境］分布于保护区内海拔1200m左右的油松林下。

接骨木

拉丁名 *Sambucus willamsii*　英文名 Williams Elder　忍冬科 Caprifoliaceae

[形态特征] 落叶灌木，高达3~6m，枝有皮孔，光滑无毛，髓心淡黄棕色。奇数羽状复叶对生，小叶5~7，边缘具齿。聚伞状圆锥花序顶生，多花；花萼5裂；花冠辐状，黄白色，裂片5，常反折。核果状浆果，近球形，紫红色。花期6~7月，果期8~9月。

[分布及生境] 生于山地灌丛、林下、林缘。保护区内塘子沟瞭望塔处路边有分布。

[用途] 祛风，利湿，活血，止痛。治风湿筋骨疼痛、腰痛、水肿、风痒、瘾疹、产后血晕、跌打肿痛、骨折、创伤出血。

鸡树条荚蒾

拉丁名 *Viburnum sargentii* 英文名 Sargent Arrowwood 忍冬科 Caprifoliaceae

[形态特征] 落叶灌木，高约3m。枝条具棱。叶柄粗壮，上部有腺体；单叶对生，卵圆形，通常3裂，裂片边缘具不规则的齿，掌状三出脉。复聚伞形花序顶生，边缘有大型不孕花，中间为两性花；花冠乳白色，5裂。浆果近球形，鲜红色。花期5~6月，果期8~9月。

[分布及生境] 生于山谷、山坡或林下。在保护区顶水鲨处有1株。

糙叶败酱

拉丁名 *Patrinia scabra* 败酱科 Valerianaceae

［形态特征］多年生草本，株高30~60cm。基生叶丛生，花期枯落，具叶柄；茎生叶对生，叶片轮廓狭长圆形，3~6对羽状深裂或全裂；叶脉在表面凹下，背面凸起。聚伞花序3~7在枝端排成伞房状，花冠黄色，漏斗状；雄蕊4，稍长于花冠。瘦果倒卵状圆柱形。花期7~9月，果期8~10月。

［分布及生境］生于石质山坡岩缝、草地、草甸草原、山坡桦树林缘及杨树林下。

［用途］清热解毒、活血、排脓。

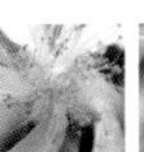

缬　草

拉丁名 *Valeriana officinalis*　英文名 Common Valeriana　败酱科 Valerianaceae

［形态特征］多年生草本，高达1.5m。根茎细长，有强烈气味。茎中空，有纵棱，被白毛。叶对生，羽状深裂。聚伞花序顶生，多花密集成伞房状；花冠管状，粉红色或白色，顶端5裂；雄蕊3。瘦果，顶端具白色羽状冠毛。花期6~7月，果期7~8月。

［分布及生境］生于山坡、沟谷及灌丛。

［用途］根及根茎入药，可祛风、除湿、镇静。

日本续断

拉丁名 *Dipsacus japonicus* 英文名 Japan Teaset 川续断科 Dipsacaceae

[形态特征] 多年生草本，高达1m。茎具棱，散生倒钩刺。基生叶常3裂，茎生叶对生，羽状裂，背脉及叶柄具倒钩刺。头状花序顶生，总苞片线形，顶端芒尖；花萼4裂，针刺状；花冠漏斗状，紫红色，4裂。瘦果具宿存萼刺。花期7~9月，果期9~10月。

[分布及生境] 生于山坡草地、灌丛及较湿沟谷处。

[用途] 根药用，有强筋骨、活血去瘀之效。

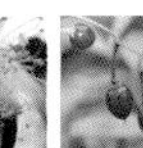

华北蓝盆花

拉丁名 *Scabiosa tschiliensis*　英文名 North China Bluebasin　川续断科 Dipsacaceae

［形态特征］一二年生草本，高30~60cm。茎自基部分枝，具白色卷伏毛。基生叶簇生，有疏钝锯齿；茎生叶对生，羽状深裂至全裂。头状花序，具长柄；边花二唇形，蓝紫色；中央花筒状，裂片5，近等长。瘦果椭圆形，被宿存萼刺。花期7~9月，果期9~10月。

［分布及生境］生于海拔500~2300m的山坡草地上。

赤 瓟

拉丁名 *Thladiantha dubia* 英文名 Manchurian Tubergourd 葫芦科 Cucurbitaceae

[形态特征] 多年生攀援草本，具块根。茎长达4m，有纵棱，被长硬毛，卷须不分枝。叶互生，卵状心形，边缘具齿，两面被粗毛。花单性异株；花萼短钟状，5裂，反折；花冠钟状，黄色，5深裂。浆果鲜红色，长圆形，具纵纹。花期7~8月，果期9月。

[分布及生境] 生于沟谷、山地草丛中。保护区塘子沟苗圃处的侧柏林下有生长。

石沙参

拉丁名 *Adenophora polyantha*　英文名 Manyflower Ladybell　桔梗科 Campanulaceae

［形态特征］多年生草本，高20~70cm。茎通常数条自根抽出，茎生叶互生，无柄，披针形至狭卵形，顶端渐尖，边缘有长或短的尖齿。花序不分枝或下部有分枝，呈圆锥状，花常偏于一侧；花萼外面有疏或密的短毛，裂片5；花冠深蓝色，钟形，5浅裂；雄蕊5，花柱与花冠近等长或伸出。蒴果。花期7~8月，果期9~10月。

［分布及生境］生于山坡或灌丛。

荠 苨

拉丁名 *Adenophora trachelioides* 桔梗科 Campanulaceae

[形态特征] 多年生草本，高（50）70~100（120）cm。根肥大。茎直立，较刚硬，稍呈之字形弯曲。叶长圆柱形或纺锤状圆柱形。基生叶心状肾 形，宽大于长；茎生叶互生，有长柄。圆锥花序顶生，花序大而疏散；花萼无毛，萼筒倒三角状圆锥形，裂片5，披针形或长椭圆状披针形，全缘，脉明显；花冠鲜蓝或淡蓝紫色，广钟形，无毛，5浅裂，裂片广三角状，先端急尖。蒴果卵状圆锥形，花期7~8（9）月，果期9~10月。

[分布及生境] 分布在土壤深厚的向阳处。

[用途] 根入药，有解毒消肿、止咳的作用。

多歧沙参

拉丁名 *Adenophora wawreana* 英文名 Manyfork Ladybell 桔梗科 Campanulaceae

[形态特征] 多年生草本，高达1m。具乳汁。根粗壮。叶互生，近无柄，卵形或披针形，具不整齐锯齿。圆锥花序多分枝，花多数下垂；花萼裂片反卷；花冠蓝紫色，钟形，先端5浅裂，花柱伸出花冠。蒴果广椭圆形。花期7~9月，果期9~10月。

[分布及生境] 生于山坡草地、林缘或较干旱的沟谷。在保护区内较为常见。

紫斑风铃草

拉丁名 *Campanula punctata* 英文名 Spotted Bellflower 桔梗科 Campanulaceae

［形态特征］多年生草本，高20~50cm，全株被刺状软毛。基生叶具长柄，茎生叶互生，卵形，具不规则锯齿。花单生于茎端及上部叶腋，下垂；花萼5裂，裂片间具附属物；花冠钟形，白色，具紫色斑点，5浅裂。蒴果，扁倒圆锥形。花期6~7月，果期7~9月。

［分布及生境］生于山地阴坡、林缘、灌丛。

［用途］花大而美丽，为优良观赏植物资源；全草入药，可清热解毒。

党　参

拉丁名 *Codonopsis pilosula*　英文名 Pilose Asiabell　桔梗科 Campanulaceae

[形态特征] 多年生草质藤本，具乳汁。根肥大，长圆柱形。茎纤细，长1~2m，多分枝，光滑，缠绕。叶互生或近对生，卵形，具波状齿。花1~3朵顶生，黄绿色；花萼5裂；花冠宽钟形，5浅裂，带紫色斑点。蒴果圆锥状，萼片宿存。花期7~8月，果期8~9月。

[分布及生境] 生于林下、灌丛中。

[用途] 根为著名中药，补脾、益气、生津，为滋补珍品。

桔　梗

拉丁名 *Platycodon grandiflorum*　英文名 Balloonflower　桔梗科 Campanulaceae

［形态特征］多年生草本，高20~80cm。具白色乳汁。根粗壮肉质。叶轮生或上部对生和互生，卵形，边缘具锐齿。花大顶生，单一或数个；花萼钟形，花冠蓝色，钟形；先端5浅裂；雄蕊5，柱头5裂，线形，反卷。蒴果倒卵形。花期7~9月，果期8~10月。

［分布及生境］生于山坡草地、山地林缘、灌丛。保护区内塘子沟的松月潭有分布。

高山蓍

拉丁名 *Achillea alpina* 英文名 Alpine Yarrow 菊科 Compositae

[形态特征] 多年生草本，高30~80cm。茎丛生，上部分枝，被白毛。叶无柄，条状披针形，篦齿状羽状浅裂至深裂，裂片条形，锐尖，边缘有锯齿。头状花序密集成伞房状；总苞宽矩圆形；花白色。瘦果倒披针形。花期7~9月，果期8~10月。

[分布及生境] 常见于山坡草地、灌丛间、林缘。保护区内鸳鸯岩处有生长。

牛　蒡

拉丁名 *Arctium lappa*　英文名 Great Burdock　菊科 Compositae

［形态特征］二年生高大草本，高1~2m。茎粗壮，带紫色。基生叶大，丛生，茎生叶宽卵形或心形，背面密被灰白色茸毛；叶柄长，粗壮。头状花序顶生；总苞球形，总苞片披针形，顶端钩状内弯；花全为管状花，淡紫色。瘦果椭圆形。花期7~9月，果期9~10月。

［分布及生境］生于村落路旁、山坡、草地。

［用途］瘦果入药，具消肿、解毒功效。

铁杆蒿

拉丁名 *Artemisia sacrorum* 菊科 Compositae

[形态特征] 多年生草本，半灌木状，高30~100cm。茎直立，暗紫红色，无毛或上部被短柔毛。茎下部叶在开花期枯萎；中部叶具柄，基部具假托叶，叶长卵形或长椭圆状卵形，2~3回栉齿状羽状分裂，小裂片披针形或条状披针形，全缘或有锯齿，羽轴有栉齿，叶幼时两面被丝状短柔毛，后被疏毛或无毛，有腺点；上部叶小，1~2回栉齿状羽状分裂。头状花序多数，近球形或半球形，下垂，排列成复总状花序，总苞片3~4层，背面绿色，边缘宽膜质；缘花雌性，10~12枚；盘花两性，多数，管状；花托凸起，裸露。瘦果卵状椭圆形。花期7~8月，果期9月。

[分布及生境] 海拔1500~4900m的山坡、半荒漠草原、滩地。

[用途] 根入药，可清热解毒，凉血止痛。

祁州漏芦

拉丁名 *Rhaponticum uniflorum* 菊科 Compositae

［形态特征］多年生草本，高30~100cm。根状茎粗厚。茎直立，不分枝。基生叶及下部茎叶椭圆形、长椭圆形、倒披针形，羽状深裂或几全裂，有长叶柄，中上部茎叶渐小，与基生叶及下部茎叶同形并等样分裂，无柄或有短柄；全部叶质地柔软，两面灰白色，被稠密的或稀疏的蛛丝毛及多细胞糙毛和黄色小腺点。头状花序单生茎顶，总苞半球形，总苞片约9层，覆瓦状排列，浅褐色；全部小花两性，管状，花冠紫红色。瘦果。花果期4~9月。

［分布及生境］生于山地草原、草甸草原、石质山坡。

［用途］根及根状茎入药，性寒、味苦咸。可清热、解毒、排脓、消肿和通乳。

三脉紫菀

拉丁名 *Aster ageratoides* 英文名 Threevein Aster 菊科 Compositae

［形态特征］多年生草本，高40~100cm。茎直立。叶片宽卵圆形，基部楔形，先端锐尖，边缘有3~7对浅或深锯齿，具离基三出脉。头状花序排列成伞房或圆锥伞房状；总苞倒锥状或半球状，3层，覆瓦状排列，线状长圆形；舌状花紫色、浅红色或白色；管状花黄色。瘦果倒卵状长圆形。花期8~9月，果期8~10月。

［分布及生境］生于林缘、山坡、路旁及草地等处。

［用途］栽培观赏。

紫菀

拉丁名 *Aster tataricus* 英文名 Tatarian Aster 菊科 Compositae

［形态特征］多年生草本，高70~150cm。茎直立，上部稍分枝。基生叶大，长圆形或椭圆状匙形，花时枯萎；茎生叶椭圆状匙形或披针形，边缘具齿。头状花序多数排列成伞房状；总苞片紫红色；舌状花蓝紫色。瘦果紫褐色，被毛。花期7~8月，果期9~10月。

［分布及生境］生于山坡、草甸、灌丛中，海拔400m以上。

［用途］花美丽，可栽培观赏；根入药，可化痰、止咳。

苍 术

拉丁名 *Atractylodes lancea* 英文名 Common Atractylodes 菊科 Compositae

［形态特征］多年生草本。高30~90cm，叶革质，无柄，倒卵形或长卵形，边缘有不连续的刺状牙齿。头状花序顶生，总苞杯状；总苞片7~8层；花筒状，白色。瘦果圆柱形，密生银白色柔毛。花果期7~9月。

［分布及生境］燥湿健脾，祛风散寒，明目。用于治疗脘腹胀满，泄泻水肿，脚气痿躄，风湿痹痛，风寒感冒，夜盲。

小花鬼针草

拉丁名 *Bidens parviflora* 菊科 Compositae

[形态特征] 一年生草本，高20~70cm。茎直立，近四棱形。基生叶及茎下部叶花期枯萎；茎中部叶对生，叶片2~3回羽状全裂；茎上部叶2回羽状全裂，最上部叶线形，不分裂。头状花序近圆柱形；无舌状花，管状花两性，花冠4裂。瘦果线状四棱形，黑褐色或带黄斑点。花期6~8月，果期9~10月。

[分布及生境] 生于山坡湿地、多石质山坡、沟旁、耕地旁、荒地及盐碱地。

[用途] 全草性味苦平。可清热解毒，活血散瘀。

鬼针草

拉丁名 *Bidens pilosa* 英文名 Spanishneedles 菊科 Compositae

[形态特征] 一年生草本，高40~85cm。茎直立，四棱形。中、下部叶对生，2回羽状深裂，边缘具不规则的细尖齿或钝齿，有长柄；上部叶互生，羽状分裂。头状花序近圆形，边缘舌状花白色；中央管状花黄色；雄蕊5，雌蕊1，柱头2裂。瘦果长线形，顶端冠毛芒状。花期7~8月。果期9~10月。

[分布及生境] 路边较为常见。

[用途] 清热解毒，消肿。可治疟疾，腹泻，痢疾，肝炎，急性肾炎，胃痛，跌打损伤，蛇虫咬伤。

翠 菊

拉丁名 *Callistephus chinensis* 英文名 China Aster 菊科 Compositae

［形态特征］一年生草本。茎直立，全株疏生短毛。叶互生，长椭圆形，边缘有粗锯齿，叶柄有狭翅。头状花序大，单生枝顶；总苞片3层，外层叶状，绿色；边缘舌状花花色丰富，有红、蓝、紫、白、黄等深浅各色。瘦果倒卵形，淡褐色。花期8~9月，果期9~10月。

［分布及生境］生于山坡、林缘或灌丛中。保护区内松闫公路水库至停车场路段两侧较多。

飞　廉

拉丁名 *Carduus crispus*　　英文名 Common Bristlethistle　　菊科 Compositae

[形态特征] 二年生草本，高60~150cm。茎直立，单生，稀丛生，具纵沟棱及纵向下延的绿色翅，翅有齿刺，上部有分枝。茎下部叶椭圆状披针形，羽状深裂，裂片边缘具缺刻状牙齿，齿端及叶缘有不等长的细刺。头状花序2~5个聚生于枝端，总苞钟形；花全部管状，紫红色，稀白色。瘦果长椭圆形，褐色，冠毛白色或灰白色。花果期为6~8月。

[分布及生境] 生于沟谷、路边、山脚等地。

[用途] 散瘀止血，清热利湿。用于治疗吐血，鼻衄，尿血，功能性子宫出血，白带，乳糜尿，泌尿系感染；外用治痈疖、疔疮。

烟管蓟

拉丁名 *Cirsium pendulum* 菊科 Compositae

[形态特征] 多年生草本，高0.5~1m。根簇生，圆锥形，肉质，表面棕褐色。茎直立，有细纵纹，基部有白色丝状毛。基生叶丛生，有柄，倒披针形或倒卵状披针形，长15~30cm，羽状深裂，边缘齿状，齿端具针刺，上面疏生白色丝状毛，下面脉上有长毛；茎生叶互生，基部心形抱茎。头状花序顶生；总苞钟状，外被蛛丝状毛；总苞片4~6层，披针形，外层较短；花两性，管状，紫色；花药顶端有附片，基部有尾。瘦果长椭圆形，冠毛多层，羽状，暗灰色。花期5~8月，果期6~8月。

[分布及生境] 生于山野、路旁、荒地。

[用途] 凉血止血，散瘀解毒消痈。

刺儿菜

拉丁名 *Cirsium setosum*　英文名 Setose Thistle　菊科 Compositae

［形态特征］多年生草本，高20~70cm。茎有条棱，被棉毛。茎生叶互生，无柄，长圆状披针形，边缘有刺，两面被棉毛。头状花序数个，单生茎顶；总苞钟状，总苞片多层，披针形，先端具刺；花冠红色。瘦果椭圆形，冠毛白色。花果期5~8月。

［分布及生境］生于田间、草地、路旁、山坡等处。

［用途］全草入药，利尿、止血。

小红菊

拉丁名 *Dendranthema chanetii*　英文名 Chanet Daisy　菊科 Compositae

[形态特征] 多年生草本，高10~35cm。根状茎匍匐。茎上部分枝。叶掌状或羽状浅裂，宽卵形或肾形，先端圆，边缘具缺刻状齿，叶柄有翅。头状花序单生或2~5个在茎顶排成伞房状；舌状花粉红色或白色。瘦果小，无冠毛。花、果期8~10月。

[分布及生境] 生于山坡、灌丛、林下及山坡荒地上。

[用途] 可栽培供观赏。

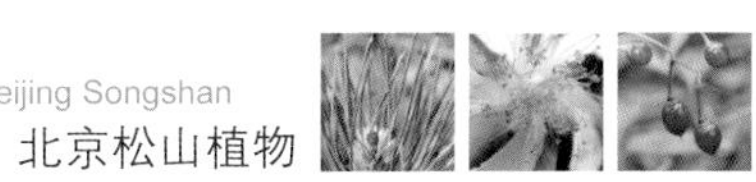

甘 菊

拉丁名 *Dendranthema lavandulifolium* 英文名 Lavenderleaf Daisy 菊科 Compositae

[形态特征] 多年生草本，高30~150cm。具地下匍匐茎。茎上部多分枝。叶宽卵形至椭圆状卵形，羽状分裂，全缘或具缺刻状锯齿。头状花序，通常多数在茎顶排成复伞房状；总苞碟形，总苞片5层；花黄色。瘦果倒卵形，无冠毛。花、果期9~10月。

[分布及生境] 生于平原荒地、山坡、河岸及丘陵地带。

[用途] 花可入药，清热解毒、凉血降压。

蓝刺头

拉丁名 *Echinops sphaerocephalus*　英文名 Broadleaf Globethistle　菊科 Compositae

[形态特征] 多年生草本，高达1m。根木质。茎具纵沟棱，被白色棉毛。叶2回羽状分裂或深裂，具刺尖头，下面密被白色棉毛。复头状花序单生茎顶，小头状花序具1花；花冠筒状，裂片5，线形，淡蓝色。瘦果，圆柱形。花期7~8月，果期8~9月。

[分布及生境] 生于林缘、山坡等地。

[用途] 可栽培观赏；根入药，可清热解毒、通乳。

阿尔泰狗娃花

拉丁名 *Heteropappus altaicus* 菊科 Compositae

[形态特征] 多年生草本，高25~60cm，全株被硬弯毛。茎直立，有时带红色。具细肋。叶互生，茎下部叶花期枯萎；茎中部叶线形或线状倒披针形，长3~4cm，宽2~3mm，全缘，两面密被糙毛，茎上部叶线形，渐小。头状花序多数，径1.2~2.5（3）cm；舌状花淡紫色，长1cm，管状花5裂。瘦果倒卵形，长2mm，宽1mm，密被长伏毛及腺点。花期7~9月，果期9~10月。

[分布及生境] 生于山坡草地、干草坡或路旁草地等处。

牛膝菊

拉丁名 *Galinsoga parviflora* 菊科 Compositae

[形态特征] 一年生草本，高达1m。茎直立，不分枝或基部分枝，下部疏被开展或稍伏生长毛并混生腺毛，上部毛较密。叶对生，有柄，卵形或长圆状卵形，长1.5~3.5cm，宽1~2cm，基部楔形或圆形，先端尖，边缘具钝齿，基出3脉，两面疏被白色长毛。头状花序多数排列成疏散的聚伞花序；总苞半球形，总苞片2层；边花5，雌性，舌状，白色，先端3齿裂，外面密被柔毛；中央花多数，管状，黄色；花托圆锥形。瘦果倒卵状锥形，黑色，先端截形。花期7~8月，果期8~9月。

[分布及生境] 分布在庭园、废地、河谷地、溪边、路边和低洼的农田中，土壤肥沃而湿润的地带生长更多。

[用途] 全株可入药，有止血、消炎之功效。

旋覆花

拉丁名 *Inula japonica* 英文名 Japan Inula 菊科 Compositae

［形态特征］多年生草本，高20~70cm。具短根状茎。茎直立，被毛。叶互生，长椭圆形或披针形，半抱茎，无柄，全缘或具疏锯齿。头状花序于茎顶成伞房状；总苞半球形，总苞片5层，线状披针形；花黄色。瘦果圆柱形，被短毛。花果期7~10月。

［分布及生境］生于路旁、河边湿地、林缘、河岸等处。

［用途］头花入药；植株美观，可栽培观赏。

抱茎苦荬菜

拉丁名 *Ixeris sonchifolia* 英文名 Sowthistle-leaf Ixeris 菊科 Compositae

[形态特征] 多年生草本，高30~60cm。具乳汁。基生叶莲座状，倒匙形，边缘具牙齿；茎生叶无柄，基部耳状抱茎，先端长尾状尖。头状花序多数，排列成伞房状；总苞圆筒状，总苞片2层；舌状花黄色。瘦果纺锤形，有喙，冠毛白色。花果期5~7月。

[分布及生境] 路旁、山坡均较为常见。

大丁草

拉丁名 *Gerbera anandria* 英文名 Common Gerbera 菊科 Compositae

[形态特征] 多年生草本，具春秋二型。春型植株矮小，通常高8~19cm。叶基生，呈莲座状，提琴状羽状分裂，下面被白色棉毛。头状花序粉红色，后变白色。秋型植株高30cm，叶大，头状花序大，全为管状花。瘦果灰色。春花期4~5月，秋花期8~11月。

[分布及生境] 生于干山坡、多石质山坡上。保护区内塘子沟百瀑泉处有生长。

[用途] 清热利湿，解毒消肿，止咳，止血。用于治疗肺热咳嗽，肠炎，痢疾，尿路感染，风湿关节痛；外用治乳腺炎，痈疖肿毒，臁疮；烧烫伤，外伤出血。

山莴苣

拉丁名 *Lagedium sibiricum* 菊科 Compositae

［形态特征］多年生草本，高50~130cm。茎直立，上部伞房状或伞房圆锥状花序分枝，中下部茎叶披针形、长披针形或长椭圆状披针形，叶无柄，心形、心状耳形或箭头状半抱茎。头状花序含舌状小花约20枚，多数在茎枝顶端排成伞房花序或伞房圆锥花序，总苞片3~4层；舌状小花黄色。瘦果长椭圆形或椭圆形，褐色或橄榄色。花果期7~9月。

火绒草

拉丁名 *Leontopodium leontopodioides* 英文名 Common Edelweiss 菊科 Compositae

[形态特征] 多年生草本，高15~40cm。全株密被灰白色棉毛。地下茎短粗，木质；茎丛生，细而坚韧。叶线形或线状披针形，无柄，灰绿色。雌雄异株。头状花序排列成伞房状或单生；苞叶线形；花多数，小而密集。瘦果长椭圆形。花期6~8月，果期8~9月。

[分布及生境] 生于山区草地、石砾地。

[用途] 全草药用，凉血、利尿。

狭苞橐吾

拉丁名 *Ligularia intermedia* 英文名 Narrowbract Goldenray 菊科 Compositae

[形态特征] 多年生草本，高40~80cm。茎单一，直立。基生叶有长柄，叶片肾状心形或肾形，边缘有细锯齿，无毛。头状花序集生成总状，花开后下垂，有短梗及线形苞叶；总苞圆柱形；舌状花黄色。瘦果长圆柱形，冠毛污褐色。花期7~8月，果期9月。

[分布及生境] 生于山坡、林缘、草甸、山谷、沟边等处。

全缘橐吾

拉丁名 *Ligularia mongolica* 菊科 Compositae

［形态特征］多年生草本。茎直立，通常单一，有时自基部有2~3分枝。根状茎短，具多数绳索状不定根，根状茎上部密生残叶纤维。基生叶莲座状，有长柄，基部扩展抱茎；叶肉质，苍白绿色，长圆状卵形、卵形或长圆形，基部下延至柄，先端钝圆或稍尖；边缘全缘或为波状缘，两面无毛；茎下部叶同基生叶，叶柄基部呈宽鞘状抱茎，茎上部叶小，无柄，抱茎。头状花序密集于茎顶；苞叶小，披针形；头状花序径3~4cm；总苞狭钟形或圆筒形，总苞片1层，5枚；边花1~2，舌状，黄色，中央花5~6，花冠管状，先端5裂；花柱分枝长，反卷。瘦果近纺锤形，灰褐色。花期6~7月，果期8~9月。

［分布及生境］生于河谷水边、芦苇沼泽、阴坡草地及林缘。

蚂蚱腿子

拉丁名 *Myripnois dioica* 英文名 Locustleg 菊科 Compositae

［形态特征］落叶灌木。高50~80cm。枝被短细毛。叶互生，宽披针形至卵形，具主脉3条，全缘。头状花序单生于侧生短枝端；先叶开花，总苞钟状，总苞片5~8；雌花与两性花异株，雌花具舌状花，淡紫色；两性花花冠白色，筒状。瘦果圆柱形，被毛，冠毛多白色。花果期4~5月。

［分布及生境］生于阴坡山地林缘及灌丛。保护区内塘子沟观景台周边有大量分布。

毛连菜

拉丁名 *Picris hieracioides* 菊科 Compositae

［形态特征］二年生草本，高30~80cm，植株有乳汁。茎直立，上部分枝，具棱及钩状硬毛。叶矩圆状披针形至条状披针形，边缘具尖齿，基生叶花期枯萎，下部叶较长且较宽，基部渐狭成柄，中上部叶较小且较狭，无柄。头状花序多数，在茎顶排列成伞房状，花序梗较长，基部具条形苞叶；总苞筒状钟形，长8~12mm，宽约10mm，总苞片3层，条形或条状披针形，背面被硬毛，外层者较短，内层者较长；全为舌状花，花黄色。瘦果圆柱形，稍弯曲，红褐色，具横纹，无喙；冠毛2层，白色，长达2mm。花果期7~8月。

［分布及生境］生于沟谷、林缘及河滩草甸。

盘果菊

拉丁名 *Prenanthes tatarinowii*　英文名 Tatarinow Rattlesnakeroot　菊科 Compositae

［形态特征］多年生草本，高90~120cm。茎被毛，上部多分枝。叶互生，具长柄，柄上常具1~2对耳状或长圆形小叶片，叶片心形或卵形，边缘有细齿。头状花序，在茎枝上部排成圆锥状；总苞狭柱形；舌状小花白色。瘦果，狭椭圆形。花果期8~10月。

［分布及生境］生于山谷、山坡、林缘、林下及溪流边等处，海拔500m以上。

风毛菊

拉丁名 *Saussurea japonica* 英文名 Windhairdaisy 菊科 Compositae

［形态特征］二年生草本，高50~150cm。茎直立，粗壮，上部分枝。叶具宽大叶柄，椭圆形，羽状浅裂至深裂，裂片不整齐。头状花序多数，密集成聚伞状伞房花序；总苞狭筒形，总苞片5~6层，卵形至披针形，顶端钝，带紫色；花冠淡紫红色。瘦果圆柱状，冠毛粗糙，羽毛状。花期8~9月，果期9~10月。

［分布及生境］生于山坡、灌丛、林下、沙质地，海拔400~1000m。

银背风毛菊

拉丁名 *Saussurea nivea* 英文名 Silverback Windhaitdaisy 菊科 Compositae

[形态特征] 多年生草本，株高30~50cm。叶披针状三角形或卵状三角形，上面绿色，无毛，下面密被银白色毛，边缘具锯齿。头状花序多数在枝端排成伞房花序；总苞筒状钟形；花冠粉紫色。瘦果圆柱形，褐色，冠毛白色。花果期7~9月。

[分布及生境] 生于林下或灌丛中。

篦苞风毛菊

拉丁名 *Saussurea pectinata* 英文名 Pectinatebract Windhaitdaisy 菊科 Compositae

［形态特征］多年生草本，高40~80cm。叶具长柄，卵状披针形，羽状深裂。头状花序数个在枝端排成疏伞房状；总苞宽钟状，总苞片先端反折，暗紫色，边缘具多数栉齿状齿；花冠粉红色。瘦果圆柱形，暗褐色，冠毛2层，污白色。花期8~9月，果期9~10月。

［分布及生境］生于山坡、沟谷、林缘及林下。保护区内塘子沟观景台道路两侧有生长。

皱叶鸦葱

拉丁名 *Scorzonera inconspicua* 英文名 China Serpentroot 菊科 Compositae

[形态特征] 多年生草本，高5~25cm。具乳汁。根粗壮，垂直。基生叶长圆状披针形，基部下延成翼状柄，边缘波状皱曲，有白粉；茎生叶小，鳞片状。头状花序生于茎顶；总苞圆筒形，5层；舌状花黄色带紫色。瘦果圆柱形，冠毛白色。花果期4~6月。

[分布及生境] 生于山坡草地、路边荒地上。

[用途] 根入药，可清热、消炎、通乳。

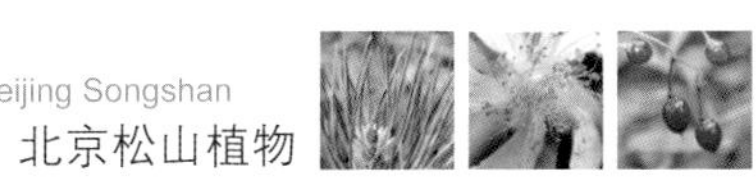

蒲公英

拉丁名 *Taraxacum mongolicum* 菊科 Compositae

[形态特征] 多年生草本植物，高10~25cm，含白色乳汁。根深长，单一或分枝，外皮黄棕色。叶根生，排成莲座状，狭倒披针形，大头羽裂，裂片三角形，全缘或有疏齿，先端稍钝或尖，基部渐狭成柄，无毛薮有蛛丝状细软毛。花茎比叶短或等长，结果时伸长，上部密被白色蛛丝状毛。头状花序单一，顶生；总苞片草质，绿色，部分淡红色或紫红色，先端有或无小角，有白色蛛丝状毛；舌状花鲜黄色，先端平截，5齿裂，两性。瘦果倒披针形，土黄色或黄棕色，顶生白色冠毛。花期4~9月，果期5~10月。

[分布及生境] 生于路旁、田野、山坡。

[用途] 全草入药，可清热解毒、消肿散结。

野青茅

拉丁名 *Deyeuxia arundinacea* 英文名 Wild Smallreed 禾本科 Poaceae

[形态特征] 多年生丛生草本，高50~60cm。根茎短。秆直立，具2~4节。叶鞘无毛，具关节，叶片扁平或内卷，两面粗糙，带灰白色。圆锥花序紧缩，分枝粗糙，具多数小穗；小穗草绿色或带紫色，长5~6mm，芒膝曲。颖果。花果期6~9月。

[分布及生境] 生于山坡、草地及林下。

[用途] 植株可作饲料。

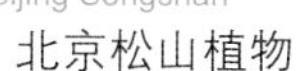
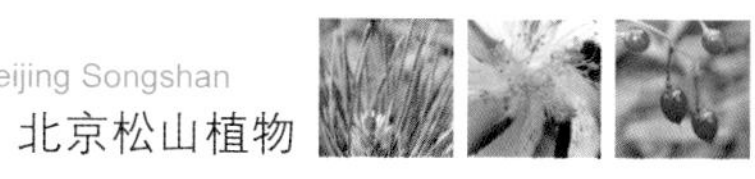
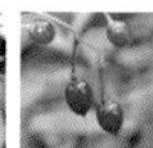

狗尾草

拉丁名 *Setaria viridis* 英文名 Green Bristlegrass 禾本科 Poaceae

[形态特征] 一年生草本；高10~100cm。秆直立或基部膝曲。叶鞘较松弛，叶舌具纤毛；叶片扁平，狭披针形或线状披针形；圆锥花序紧密呈圆柱形，刚毛粗糙，通常绿色或褐黄色；小穗椭圆形，顶端钝。颖果。花果期6~10月。

[分布及生境] 保护区内路旁常见。

大油芒

拉丁名 *Spodiopogon sibiricus* 英文名 Greyawngrass 禾本科 Poaceae

[形态特征] 多年生草本植物，高1~1.5m。属中宽叶禾草，具有粗壮较长的根茎，根茎密被鳞片。秆直立，刚硬，长有7~9个节。叶片线形至披针形，两面被毛，上面中脉明显，白色。圆锥花序顶生；小穗成对着生，一穗有柄，一穗无柄，颖革质，具多脉，小花具长芒，芒膝曲扭转。颖果。花果期7~9月。

[分布及生境] 生于山地阳坡或路旁。保护区内塘子沟苗圃侧柏林周边有生长。

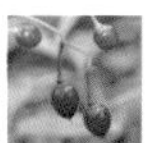

溪水薹草

拉丁名 *Carex forficula* 英文名 Carex Stream 莎草科 Cyperaceae

［形态特征］多年生草本。高40~80cm。根状茎短，密丛生，三棱形。基部叶鞘无叶片，黄褐色，苞片叶状，基部无鞘，比花序稍短；小穗3~5个；顶生1枚小穗雄性，线形，具柄；其余者为雌小穗，狭圆柱形，无柄，仅下部者具短柄，花密生。小坚果长圆形，柱头2。花期4~6月，果期5~7月。

［分布及生境］生于水边、山坡阴处。

异穗薹草

拉丁名 *Carex heterostachya*　英文名 Heterostachys Sedge　莎草科 Cyperaceae

[形态特征] 多年生草本。具长匍匐根状茎。秆高20~30cm，三棱柱形。叶基生，线形，边缘常外卷，具细锯齿。穗状花序，小穗3~4个，顶端1个为雄小穗，线形，侧生者为雌小穗，卵形至长圆形。小坚果倒卵形，柱头3个。花果期4~6月。

[分布及生境] 生于山坡草地或路旁。

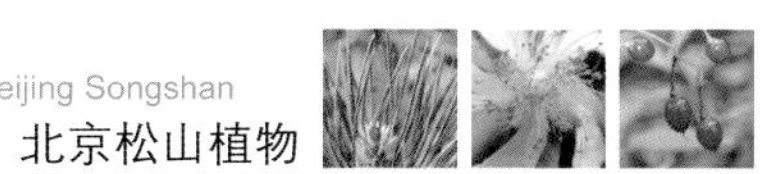

一把伞南星

拉丁名 *Arisaema erubescens*　　英文名 One Umbrella Southstar　　天南星科 Araceae

［形态特征］多年生草本，高40~80cm。块茎扁球形。基生叶1枚，叶柄长，叶片呈放射状分裂，多达20枚，形如一把伞，裂片披针形至椭圆形，具线形长尾。雌雄异株，肉穗花序，佛焰苞绿色，附属器棒状。果序圆柱形，直立或下垂，浆果成熟时红色。花期5~6月，果期8~9月。

［分布及生境］生于林下、灌丛、草坡等阴湿处。

［用途］块茎药用，可祛痰、消肿毒。

鸭跖草

拉丁名 *Commelina communis* 英文名 Common Dayflower 鸭跖草科 Commeliaceae

［形态特征］一年生蔓生草本，茎多分枝，长可达1m，基部匍匐而节部生根，上部斜生。单叶互生，披针形至卵状披针形，具抱茎的叶鞘。总苞片心状卵形，边缘对合折叠。花常仅2朵，蓝色；花萼花瓣各3枚，发育雄蕊3枚。蒴果，2室。花期6~8月，果期8~10月。

［分布及生境］生于路边、山坡或林缘阴湿处。

［用途］有清热、利尿及抗病毒功效。

竹叶子

拉丁名 *Streptolirion volubile*　英文名 Twinning Streptolirion　鸭跖草科 Commelinaceae

［形态特征］一年生缠绕草本。茎柔弱，长可达3m。单叶互生，具长柄，叶片卵心形，弧形脉，基部成筒状叶鞘。蝎尾状聚伞花序数个组成圆锥花序，有花2~4朵；花白色，花萼、花瓣各3枚，花瓣线形；雄蕊6枚。蒴果卵状三棱形，被疏长毛，纵裂。花期7~8月，果期9~10月。

［分布及生境］生于路边、山谷、杂木林或林内等潮湿处。

野　韭

拉丁名 *Allium ramosum*　英文名 Branchy Onion　百合科 Liliaceae

[形态特征] 多年生草本，高30~70cm。根状茎横生，鳞茎近圆形，被黄褐色纤维状外皮。叶三棱状条形，扁平，中空，比花莛短。花莛圆柱形，具2棱；总苞白色，膜质，宿存；伞形花序球形；花被片6，白色，2轮，子房具3棱。花果期6月底到9月。

[分布及生境] 生于向阳山坡、草地和荒坡。

[用途] 嫩叶可食用。

球序韭

拉丁名 *Allium thunbergii* 百合科 Liliaceae

[形态特征] 一年生草本，具短而直生的根状茎。鳞茎长卵形或卵形，常单生。花莛圆柱形，中空，高30~60cm，1/4~1/3具叶鞘。叶3~5枚散生，三棱状条形。总苞比花序短，具短喙；伞形花序球形，多花，密集；花梗等长，具苞片；花紫红色到蓝紫色；花被片6，椭圆形，钝头，外轮的舟状，比内轮的短。花果期8月底至10月。

[分布及生境] 生于海拔1300m以下的山坡、草地或林缘。

龙须菜

拉丁名 *Asparagus schoberioides*　英文名 Schoberia-like Asparagus　百合科 Liliaceae

[形态特征] 多年生直立草本，高达1m。茎多分枝，具纵棱，有时具狭翅；叶状枝窄条形，镰刀状，3~7枚簇生。叶退化成鳞片状。雌雄异株，花2~4朵腋生，黄绿色，花梗极短，雄蕊6。浆果球形，熟时红色。花期5~6月，果期7~9月。

[分布及生境] 生于林下、林缘、草地和沟边。

[用途] 幼嫩植株可食用，味如芦笋。

萱 草

拉丁名 *Hemerocallis fulva* 英文名 Orange Daylily 百合科 Liliaceae

［形态特征］多年生宿根草本，高60~100cm。具短根状茎和粗壮的纺锤形肉质根。叶基生，宽线形，对排成两列，背面有龙骨突起，嫩绿色。花莛细长坚挺，呈顶生聚伞花序；花大，漏斗形；花被裂片长圆形，下部合成花被筒，上部开展而反卷，边缘波状，橘红色。蒴果，背裂，内有亮黑色种子数粒。果实很少能发育，制种时常需人工授粉。花期6~7月。

［分布及生境］耐寒，华北可露地越冬，适应海拔300~2500m。

北黄花菜

拉丁名 *Hemerocallis lilioasphodelus* 英文名 Yellowflower Daylily 百合科 Liliaceae

［形态特征］多年生草本，高80~100cm。根肥厚。叶基生，排成二列，线形。花莛数个，花序分枝成总状或圆锥花序，有花4~10朵；花淡黄色，芳香；花被漏斗状，花被片6；雄蕊6，花丝细长，黄色，花柱细长。蒴果椭圆形。花期6~8月，果期7~9月。

［分布及生境］生于山坡、草甸。

［用途］观花或食用，为著名蔬菜。

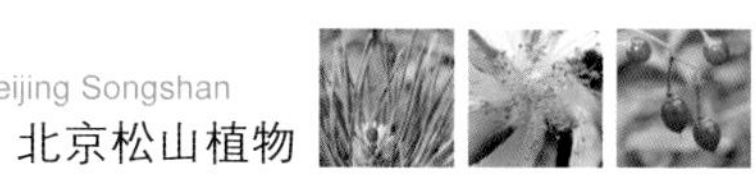

有斑百合

拉丁名 *Lilium concolor* var. *pulchellum*　英文名 Spotted Morning-star Lily　百合科 Liliaceae

［形态特征］多年生草本，高30~50cm。鳞茎肉质洁白。叶互生，披针形。花2~3朵，顶生，直立；花被片6，红色，上面具黑紫色斑点；花药紫红色。蒴果圆柱形，具多数种子。花期6~7月，果期8~9月。

［分布及生境］生于山地草甸、山沟及林缘。

［用途］鳞茎可食，也可入药治咳嗽。

山　丹

拉丁名 *Lilium pumilum*　英文名 Low Lily　百合科 Liliaceae

［形态特征］多年生草本，高20~60cm。鳞茎圆锥形，白色，具多数肉质鳞叶。叶互生，条形，有1明显中脉。花1至数朵排成总状花序，下垂；花被片6，鲜红色，翻卷，雄蕊6，花药红色，柱头膨大，3裂。蒴果长圆形。花期7~8月，果期9~10月。

［分布及生境］生于山坡草地、林间草地和路旁。

［用途］鳞茎可食，入药可止咳化痰。

北重楼

拉丁名 *Paris verticillata* 英文名 Verticillate Paris 百合科 Liliaceae

[形态特征] 多年生草本，高25~60cm，具细长根状茎。叶5~8枚轮生茎顶，披针形至倒披针形。花两性，单生茎顶；花被片8，排成两轮，外轮叶状，绿色，内轮丝状，黄绿色；雄蕊8枚，子房球形，紫褐色。蒴果浆果状，紫黑色。花期5~6月，果期7~9月。

[分布及生境] 生于山坡草地、林下和沟边。

[用途] 根茎可入药，清热解毒。

玉 竹

拉丁名 *Polygonatum odoratum*　英文名 Fragrant Landpick　百合科 Liliaceae

[形态特征] 多年生草本，高40~65cm。地下根茎横走，黄白色。茎单一，自一边倾斜，光滑无毛，具棱。叶互生于茎的中部以上，无柄；叶片略带革质，椭圆形或狭椭圆形，全缘，叶脉隆起。花腋生，着花1~2朵；花被筒状，白色；雄蕊6。浆果球形，成熟后紫黑色。花期5~6月，果期8~9月。

[分布及生境] 生于山野林下或石隙间。保护区内观鸟平台周边的油松林下有分布。

[用途] 主治时疾寒热，内补不足，消渴，润心肺。

黄　精

拉丁名 *Polygonatum sibiricum*　英文名 Siberia Landpick　百合科 Liliaceae

[形态特征] 多年生草本，高50~80cm。根状茎肥大肉质。茎直立，单一。叶通常4~6枚轮生，披针形，先端卷曲成钩状，全缘。花2~4朵，具总花梗，伞状；花被片6，下部合生成筒，白色，先端6裂。浆果球形，熟时黑色。花期5~6月，果期7~9月。

[分布及生境] 生于山坡、草地、灌丛及林下。

[用途] 根状茎入药，具补脾润肺、益气养阴功效。

鹿　药

拉丁名 *Smilacina japonica*　　英文名 Japan Deerdrug　　百合科 Liliaceae

［形态特征］多年生草本，高30~60cm。根状茎横走。茎单生，密生粗毛。叶4~7枚，互生，卵状椭圆形至狭长椭圆形。花10~20朵排成圆锥花序，花白色；花被片6，子房近球形。浆果近球形，熟时红色。花期5~6月，果期8~9月。

［分布及生境］生于林下阴湿处。

藜　芦

拉丁名 *Veratrum nigrum*　　英文名 Black False Hellebore　　百合科 Liliaceae

[形态特征] 多年生草本，粗壮，高达1m，基部被黑褐色纤维状残存叶鞘。叶椭圆形，平行脉明显而隆起。圆锥花序顶生，分枝总状，具多数杂性花，花序轴密生白色棉毛；花黑紫色。蒴果卵状，熟时3裂。花期7~8月，果期8~10月。

[分布及生境] 生于山坡林下和草丛中，海拔800m以上。

[用途] 全株有毒，可作杀虫剂或入药。

穿山薯蓣（穿山龙）

拉丁名 *Dioscorea nipponica* 英文名 Throughhill Yam 薯蓣科 Dioscoreaceae

［形态特征］多年生缠绕草质藤本，根茎横走。叶互生，具长柄，卵形，基部心形，边缘3~5裂。花单性异株，穗状花序腋生；雄花无柄，花被6裂，雄蕊6；雌花常单生，花被6裂。蒴果倒卵状椭圆形，有3宽翅。花期6~8月，果期8~9月。

［分布及生境］生于山坡林边、灌木林下及沟边。保护区内塘子沟松月潭处有生长。

［用途］舒筋活血，止咳化痰，祛风止痛。用于治疗腰腿疼痛、筋骨麻木、跌打损伤、闪腰、咳嗽喘息、气管炎。

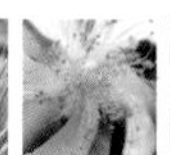

野鸢尾

拉丁名 *Iris dichotoma* 英文名 Vesper Swordflag 鸢尾科 Iridaceae

［形态特征］多年生直立草本，株高30~80cm。根状茎不规则块状，须根多数。叶基生或茎生，剑形，基部鞘状抱茎，先端向外弯曲成镰刀状。花茎高达60cm，具3~4朵花；花白色，花被有褐色斑纹；雄蕊3，花柱分枝扩张成花瓣状。蒴果长圆形。花期7~8月，果期8~9月。

［分布及生境］生于山地阳坡上。

矮紫苞鸢尾

拉丁名 *Iris ruthenica* var. *nana* 鸢尾科 Iridaceae

[形态特征] 多年生草本。根状茎细长，外被褐色纤维。叶线形，基部为退化成鞘状的叶片所包。花茎从叶中抽出；佛焰苞膜质，披针形，边缘红紫色，具1~2朵花；花浅蓝色或蓝色，具蓝紫色条纹和斑点，外轮花被片倒披针形或宽卵形，内轮花被片披针形；花柱花瓣状，深紫红色。蒴果短而圆，种子球形，具白色突起物。花期5~6月，果期6~7月。

[分布及生境] 生于山坡草地。保护区内三叠水处有分布。

角盘兰

拉丁名 *Herminium monorchis* 兰科 Orchidaceae

［形态特征］多年生草本，高5.5~35cm。块茎球形，茎直立，无毛，下部生2~3枚叶。叶狭椭圆状披针形或狭椭圆形，先端近急尖，基部渐狭略抱茎。总状花序圆柱状，具多数花；花苞片条状披针形，先端钝；花瓣近于菱形，向先端渐狭，或在中部多少3裂，中裂片条形，先端钝，上部稍肉质增厚，较萼稍长；唇瓣肉质增厚，与花瓣等长，基部凹陷，近中部3裂，中裂片条形，长1.5mm，侧裂片三角形，较中裂片短得多；退化雄蕊2，显著；柱头2裂，叉开，2枚；子房无毛。蒴果长圆形。 花期6~7月，果期8~9月。

［分布及生境］生于海拔400~800m山坡草地及阴湿林下。

蜻蜓兰

拉丁名 *Tulotis asiatica* 兰科 Orchidaceae

［形态特征］多年生草本，高25~50cm。根伸长，稍肥厚。茎下部通常有3片较大的叶，倒卵状长椭圆形、椭圆形或广椭圆形，先端圆而有锐尖头；茎上部叶1~2片，呈苞叶状，显著小。花序长7~15cm；花黄绿色，排列稍密；苞片披针状线形，先端尖；中央的萼片椭圆形，长4~5mm，圆头，1脉，侧萼片与花瓣几等长；唇瓣线状长椭圆形，基部两侧有微小的三角状突起，距圆筒状，长7~9mm，向前方弯曲。蒴果几直立，具短柄。花期6~8月，果期9~10月。

［分布及生境］生于海拔500~2800m的山坡、林下、林间湿润的地方。

羊耳蒜

拉丁名 *Liparis japonica* 英文名 Japanese Twayblade 兰科 Orchidaceae

[形态特征] 多年生草本，全株无毛。假鳞茎卵球形，外被于膜质的白色鞘，下部具多数须根，如蒜头状，长6~12mm。基生叶2枚，基部抱合而近对生；叶片狭卵形或卵状椭圆形，长7~13cm，宽4~6cm，基部渐狭，先端钝尖头，下延成鞘状抱茎。花序柄两侧在花期可见狭翅，果期则翅不明显；苞片膜质，鳞片状，钝头，长1~1.5mm；萼片长卵状披针形，长8~9mm，先端稍钝；花淡绿色，花瓣线形，与萼片等长，唇瓣较大，倒卵形，长8~13mm，不分裂，平坦，中部稍缢缩，其余花被片均较狭窄；蕊柱稍弓曲，先端翅钝圆，基部膨大鼓出；子房细长，基部渐狭缩成柄，扭转，柱头长2.5mm。蒴果长倒卵状披针形，长达1.2cm，果梗长约1mm。

[分布及生境] 生于海拔1800~2200m的常绿阔叶林、松林及灌丛中。

[用途] 活血止血，消肿止痛。

紫点杓兰

拉丁名 *Cypripedium guttatum* 兰科 Orchidaceae

［形态特征］多年生陆生兰，高15~25cm。根状茎横走，纤细。茎直立，被短柔毛，在靠近中部具2枚叶。叶互生或近对生，椭圆形或卵状椭圆形，急尖或渐尖，背脉上疏被短柔毛。花单生，白色而具紫色斑点，直径常不到3cm；中萼片卵椭圆形；合萼片近条形或狭椭圆形，顶端2齿；背面被毛，边缘具细缘毛；花瓣几乎与合萼片等长，半卵形、近提琴形、花瓶形或斜卵状披针形，长1.3~1.8cm，内面基部具毛；唇瓣几乎与中萼片等大，近球形，内折的侧裂片很小，囊几乎不具前面内弯边缘；退化雄蕊近椭圆形，顶端近截形或微凹；柱头近菱形；子房被短柔毛。花期6~7月。

［分布及生境］生林间草地、草甸及林缘。

大花杓兰

拉丁名 *Cypripedium macranthum*　英文名 Bigflower Ladyslipper　兰科 Orchidaceae

[形态特征] 多年生陆生草本，高25~50cm，具粗短的根状茎。叶3~5枚，椭圆状卵形，基部鞘状抱茎，边缘有细缘毛；苞片叶状。花大，常单生，紫红色或粉红色，具暗色脉纹；花瓣披针形，唇瓣紫色，深囊状。蒴果狭椭圆形，有纵棱。花期6~7月，果期7~8月。

[分布及生境] 生于高海拔阴坡林下、草甸或林缘。

[用途] 可栽培作观赏花卉。

沼　兰

拉丁名 *Malaxis monophyllos*　　兰科　Orchidaceae

［形态特征］陆生草本，高15~30cm，假鳞茎卵形或椭圆形，被白色干膜质鞘。叶基生，1~2片，1片大，1片小，椭圆形或卵状披针形，先端急尖，基部浑圆或稍收狭，鞘状叶柄长1.5~4cm。花序总状；苞片钻状或线状披针形；花很小，绿黄色；背萼片狭椭圆形或线状披针形，1脉外折；侧萼片与背萼片相似，直立；花瓣线形，外折，具1脉；唇瓣位于上方，宽卵形或近于圆形，先端骤尖而呈尾状，凹陷，上缘外折具疣状突起，基部两侧各具1片耳状侧裂片。蒴果斜椭圆形。花期6~7月。

［分布及生境］生于山坡林下或草坡上。

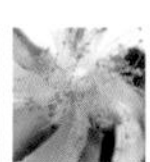

凹舌兰

拉丁名 *Coeloglossum viride* 兰科 Orchidaceae

［形态特征］多年生草本，植株高14~45cm。茎直立，基部具2~3枚筒状鞘，鞘之上具叶，叶之上常具1至数枚苞片状小叶。叶常3~5枚，叶片狭倒卵状长圆形、椭圆形或椭圆状披针形，直立伸展，先端钝或急尖，基部收狭成抱茎的鞘。总状花序具多数花，长3~15cm；花绿黄色或绿棕色，直立伸展；萼片基部常稍合生，中萼片直立，卵状椭圆形；侧萼片偏斜，卵状椭圆形，较中萼片稍长；花瓣直立，线状披针形，较中萼片稍短，与中萼片靠合呈兜状。蒴果直立，椭圆形，无毛。花期5~8月，果期9~10月。

［分布及生境］生于海拔1200~4300m的山坡、林下、灌丛下或山谷林缘湿地。

华北对叶兰

拉丁名 *Listera puberula*　　兰科 Orchidaceae

［形态特征］多年生小型陆生兰。地下根茎细长，植株直立，茎纤细。中部具2枚对生叶，心形、阔卵形或阔卵状三角形，无柄。总状花序顶生，具稀疏的花；苞片披针形，绿色；花绿色；萼片卵状披针形，花瓣线形，唇瓣倒卵状楔形，分裂。蒴果。花期6~8月。

［分布及生境］生于林下阴湿处。

尖唇鸟巢兰

拉丁名 *Neottia acuminata* 兰科 Orchidaceae

［形态特征］植株高14~30cm。茎直立，无毛，中部以下具3~5枚鞘，无绿叶；鞘膜质，抱茎。总状花序顶生，通常具20余朵花；花苞片长圆状卵形，无毛；花梗无毛；花小，黄褐色，常3~4朵聚生而呈轮生状；中萼片狭披针形，先端长渐尖，具1脉，无毛；侧萼片与中萼片相似，但宽达1mm；花瓣狭披针形；唇瓣形状变化较大，通常卵形、卵状披针形或披针形，先端渐尖或钝，边缘稍内弯，具1或3脉。蒴果椭圆形。花果期6~8月。

［分布及生境］生于海拔1500~4100m的林下或荫蔽草坡处。

手　参

拉丁名 *Gymnadenia conopsea*　　兰科 Orchidaceae

[形态特征] 多年生草本，高30~80cm。块茎通常2枚，1枚肥厚，1枚干瘦，黄白色，椭圆形，下部4~6掌状分裂。茎直立，基部具淡褐色叶鞘。茎生叶4~7，互生，叶柄鞘状，叶片长披针形；下部叶先端钝或渐尖，基部鞘状抱茎；最上部的叶较小，线状披针形。穗状花序顶生，花多而密集，苞片卵状披针形，先端稍内卷，两侧萼片斜卵形，花瓣斜卵形，唇瓣阔倒卵形，先端3浅裂，基部有细长距，呈镰刀状内弯，长明显超过子房，子房扭曲。蒴果长圆形。花期6~7月，果期7~8月。

[分布及生境] 生于草甸、山坡、林间草地、河谷及灌丛间。

二叶舌唇兰

拉丁名 *Platanthera chlorantha* 英文名 Two-leaf Platanthera 兰科 Orchidaceae

［形态特征］多年生陆生小草本，高30~50cm。块根1~2个。基生叶2枚，倒披针状椭圆形，光滑，叶脉不明显，茎生叶退化。总状花序顶生，具10多朵花；花淡白色，唇瓣长舌状，距细长，弯曲成镰刀状。蒴果，具喙。花期6~7月，果期7~8月。

［分布及生境］生于山坡林下或草地。

［用途］为保护植物，可栽培供观赏。

北京松山常见
物种资源图谱
Flora and Fauna in Beijing Songshan Nature Reserve

第二章
北京松山鸟类

Chapter Two: Birds in Beijing Songshan

一、鹳形目 CICONIIFORMES

黑 鹳

拉丁名 *Ciconia nigra*　英文名 Black Stork　鹳科 Ciconiidae

[形态特征] 体长100cm。眼褐色或黑色，嘴粗长呈红色，眼周、脚均为红色。头、颈、上体和上胸黑色，黑色部位具绿色和紫色的光泽。下胸、腹部、两胁及尾下覆羽白色。

[生活习性] 栖于沼泽地区、池塘、湖泊、河流沿岸及河口，常单独活动，以鱼、虾、蛙、昆虫等为食。4~7月营巢于人迹罕至的大森林及河岸峭壁上。

[观察时间] 4~10月。

二、雁形目 ANSERIFORMES

鸳鸯

拉丁名 *Aix galericulata* 英文名 Mandarin Duck 鸭科 Anatidae

[形态特征] 体长42cm。雄鸟有醒目的白色眉纹、红色嘴、金色颈、背部长羽以及拢翼后可直立的独特的棕黄色炫耀性“帆状饰羽”。雌鸟不甚艳丽，具亮灰色体羽及雅致的白色眼圈及眼后线。雄鸟的非婚羽似雌鸟，但嘴为红色。

[生活习性] 栖于山间溪流、湖泊、水库及沼泽地，4~6月营巢于树上洞穴或河岸。

[观察时间] 4月，10~11月。

绿头鸭

拉丁名 *Anas platyrhynchos*　　英文名 Mallard　　鸭科　Anatidae

雌

雄

［形态特征］体长58cm。雄鸟头及颈深绿色带光泽，白色颈环使头与栗色胸隔开，翅、肋和腹部灰白色。雌鸟褐色斑驳，有深色的贯眼纹。为家鸭的野型。

［生活习性］栖息于植物丰富的湖泊、池塘及河口，集大群生活，4~6月营巢于岸边草丛。

［观察时间］全年。

三、隼形目 FALCONIFORMES

苍 鹰

拉丁名 *Accipiter gentilis* 英文名 Northern Goshawk 鹰科 Accipitridae

[形态特征] 体长56cm。无冠羽或喉中线，具白色的宽眉纹。成鸟下体白色上具粉褐色横斑，上体深苍灰色，胸腹部满布暗灰色纤细的横斑纹。飞行时两翼宽阔，翼下白色，密布黑褐色横带。幼鸟上体褐色浓重，羽缘色浅成鳞状纹，下体具偏黑色粗纵纹。

[生活习性] 栖于丘陵林地，是食肉性猛禽，主要食物为鸽类、野兔及鼠类。

[观察时间] 1~4月，8~11月。

雀鹰

拉丁名 *Accipiter nisus* 英文名 Eurasian Sparrowhawk 鹰科 Accipitridae

[形态特征] 体长32cm（雄）、38cm（雌）。雄鸟：上体褐灰，白色的下体上多具棕色横斑，尾具横带。脸颊棕色为识别特征。雌鸟：体型较大，上体褐，下体白，胸、腹部及腿上具灰褐色横斑，无喉中线，脸颊棕色较少。

[生活习性] 栖息于林缘或开阔林区，性隐秘，捕食鼠类和小型鸟类。

[观察时间] 4~5月，9~11月。

松雀鹰

拉丁名 *Accipiter virgatus* 英文名 Besra 鹰科 Accipitridae

［形态特征］体长33cm。成年雄鸟：上体深灰色，尾具粗横斑，下体白，两胁棕色且具褐色横斑，喉白而具黑色喉中线，有黑色髭纹。雌鸟及亚成鸟：两胁棕色少，下体多具红褐色横斑，背褐，尾褐而具深色横纹。

［生活习性］栖于针叶林或针阔混交林带，在林间静立伺机找寻爬行类或鸟类猎物。

［观察时间］5月，9~10月。

普通鵟

拉丁名 *Buteo buteo*　英文名 Common Buzzard　鹰科 Accipitridae

［形态特征］中型猛禽，体长55cm。上体深红褐色；脸侧皮黄具近红色细纹，栗色的髭纹显著；下体偏白上具棕色纵纹，两胁及大腿沾棕色。飞行时两翼宽而圆，腹面色淡，翼端黑色，两翼下各具一白色横斑，尾呈扇形。

［生活习性］喜开阔原野且在空中热气流上高高翱翔，在裸露树枝上歇息。鸣声如猫叫，杂食性，主食啮齿类动物。

［观察时间］1~4月。

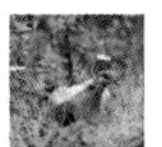

灰脸鵟鹰

拉丁名 *Butastur indicus*　　英文名 Grey-faced Buzzard Eagle　　鹰科 Accipitridae

[形态特征] 体长45cm。颏及喉为明显白色，具黑色的顶纹及髭纹。头侧近黑；上体褐色，具近黑色的纵纹及横斑；胸褐色而具黑色细纹。下体余部具棕色横斑而有别于白眼鵟鹰。尾细长，平型。

[生活习性] 栖于开阔林区。飞行缓慢沉重，喜从树上栖处捕食。

赤腹鹰

拉丁名 *Accipiter soloensis* 英文名 Chinese Sparrowhawk 鹰科 Accipitridae

雌

雄

[形态特征] 中等体型的鹰类，体长33cm。成鸟：上体淡蓝灰色，下体白，胸腹及两胁棕赤色；背部羽尖略具白色，外侧尾羽具5条黑褐色横斑；飞行时翅下白色，仅飞羽外缘黑色。亚成鸟：上体褐色，尾具深色横斑，下体白，喉具纵纹，胸部及腿上具褐色横斑。

[生活习性] 栖于山麓森林中，捕食蛙类、昆虫和小型鸟类，通常从栖处捕食，捕食动作快，有时在上空盘旋。

[观察时间] 9~10月。

凤头蜂鹰

拉丁名 *Pernis ptilorhynchus*　英文名 Oriental Honey-buzzard　鹰科 Accipitridae

［形态特征］体长58cm。凤头或有或无。两亚种均有浅色、中间色及深色型。上体由白至赤褐至深褐色，下体满布点斑及横纹，尾具不规则横纹。所有型均具对比性浅色喉块，缘以浓密的黑色纵纹，并常具黑色中线。飞行时特征为头相对小而颈显长，两翼及尾均狭长。

金　雕

拉丁名 *Aquila chrysaetos*　英文名 Golden Eagle　鹰科 Accipitridae

[形态特征] 体大的浓褐色雕，体长85cm。头具金色羽冠，嘴巨大。飞行时腰部白色明显可见。尾长而圆，两翼呈浅“V”形。亚成鸟翼具白色斑纹，尾基部白色。

[生活习性] 栖于崎岖干旱平原、岩崖山区及开阔原野，捕食雉类、鼠类及其他哺乳动物。随暖气流作壮观的高空翱翔。

[观察时间] 全年。

秃　鹫

拉丁名 *Aegypius monachus*　英文名 Cinereous Vulture　鹰科 Accipitridae

[形态特征] 体型硕大的深褐色鹫，体长100cm。具松软翎颌，颈部灰蓝。幼鸟脸部近黑，嘴黑，蜡膜粉红；成鸟头部裸出，皮黄色，喉及眼下部分黑色。两翼长而宽，具平行的翼缘，后缘明显内凹，翼尖的7枚飞羽散开呈深叉形，尾短呈楔形。

[生活习性] 生活于高山地区，结群撕食动物实体。

[观察时间] 全年。

阿穆尔隼

拉丁名 *Falco amurensis* 隼科 Falconidae

[形态特征] 体小的灰色隼，体长31cm。雄鸟：腿、腹部及臀棕色，飞行时翼下覆羽为白色。雌鸟：额白，头顶灰色具黑色纵纹；背及尾灰，尾具黑色横斑；喉白，眼下具偏黑色线条；下体乳白，胸具醒目的黑色纵纹，腹部具黑色横斑；翼下白色并具黑色点斑及横斑，

[生活习性] 黄昏后捕捉昆虫，有时结群捕食。迁徙时结成大群多至数百只，喜立于电线上。

[观察时间] 全年。

红　隼

拉丁名 *Falco tinnunculus*　英文名 Common Kestrel　隼科 Falconidae

［形态特征］小型赤褐色隼，体长33cm。雄鸟：头顶及颈背灰色，尾蓝灰无横斑，上体赤褐略具黑色点斑，下体皮黄而具黑色纵纹。雌鸟：体型略大，上体全褐，尾羽具9~12道黑色横纹。

［生活习性］栖于山区附近村庄，在空中特别优雅——捕食时懒懒地盘旋或斯文不动地停在空中，发现猎物后折合双翼快速俯冲下来，直扑猎物。营巢简陋，有时侵占鸦、鹊或鹰的巢。

［观察时间］全年。

四、鸡形目 GALLIFORMES

斑翅山鹑

拉丁名 *Perdix dauuricae*　　英文名 Daurian partridge　　雉科 Phasianidae

［形态特征］体形略小的灰褐色鹑类，体长28cm。雄鸟脸、喉中部及腹部橘黄色，腹中部有一倒“U”字形黑色斑块。雌鸟胸部无橘黄色及黑色。

［生活习性］栖于山地，冬季迁至平原。结群觅食，以植物种子、昆虫为食，被赶时同时起飞。繁殖鸟以家族育幼。

［观察时间］全年。

勺　鸡

拉丁名 *Pucrasia macrolopha*　英文名 Koklass pheasant　雉科 Phasianidae

[形态特征] 体大而尾相对短的雉类，体长61cm。具明显的飘逸型耳羽束。雄鸟：头顶及冠羽近灰；喉、宽阔的眼线、枕及耳羽束金属绿色；颈部两侧各有一白斑；上背皮黄色；胸栗色；其他部位的体羽为长的白色羽毛上具黑色矛状纹。雌鸟：体型较小，棕褐色，具冠羽但无长的耳羽束。

[生活习性] 栖于开阔的多岩林地，遇警情时深伏不动，不易被驱赶。雌雄成对生活，夜宿于树上。

[观察时间] 全年。

雌　雄

雉 鸡

拉丁名 *Phasianus colchicus* 英文名 Common pheasant 雉科 Phasianidae

雌

雄

[形态特征] 体长 85cm（雄）、60cm（雌）。形似家鸡，但尾羽尖长。雄鸟：头部具金属蓝绿光泽，有显眼的耳羽簇，眼周裸皮鲜红色；身体披金挂彩，满身点缀着发光羽毛，从墨绿色至铜色至金色；两翼灰色，尾长而尖，褐色并带黑色横纹；有些亚种有白色颈圈。雌鸟形小而色暗淡，周身密布浅褐色斑纹。

[生活习性] 栖于山地疏林、灌丛中，冬迁于山脚草地、农田。以杂草、种子及昆虫为食。被赶时迅速起飞，飞行快，声音大。雄鸟的叫声为爆发性的噼啪两声，紧接着便用力鼓翼。

[观察时间] 全年。

五、鸽形目 COLUMBIFORMES

山斑鸠

拉丁名 *Streptopelia orientalis*　英文名 Oriental turtle dove　鸠鸽科 Columbidae

［形态特征］中等体型的偏粉色斑鸠，体长32cm。头颈灰褐略红，后颈基部两侧各有一带明显黑白色条纹的块状斑。上体的深色扇贝斑纹体羽羽缘棕色，腰灰，尾羽近黑，尾梢浅灰。下体多偏粉色，脚红色。

［生活习性］栖于多林平原、山区，结小群活动，取食于地面，以植物种子、野果和昆虫为食。亲鸟以“鸽乳”育雏。

［观察时间］全年。

六、鹃形目 CUCULIFORMES

大杜鹃

拉丁名 *Cuculus canorus* 英文名 Eurasian Cuckoo 杜鹃科 Cuculidae

［形态特征］体长32cm。上体灰色，尾偏黑色，腹部近白而具黑色横斑，嘴黑褐色，脚黄色。“棕红色”变异型雌鸟为棕色，背部具黑色横斑。

［生活习性］栖于开阔的树林中，单只活动，以昆虫为食。鸣叫声为洪亮的“布谷，布谷”两声一度。它自己不筑巢，将卵产于苇莺巢中，由巢主代孵卵代育雏。

［观察时间］5月中至8月底。

七、鸮形目 STRIGIFORMES

红角鸮

拉丁名 *Otus scops*　　英文名 Scops Owl　　鸱鸮科　Strigidae

［形态特征］体长20cm。纯夜行性的小型角鸮。虹膜黄色，面盘灰褐色，具明显的耳羽簇，体羽栗棕色，具黑褐色纵纹。

［生活习性］栖于山地和平原的林地，有时也到居民点附近，鸣叫声为凄婉而响亮的“王刚，哥—”声。以昆虫、小型鼠类、两栖动物等为食。

［观察时间］4~10月。

领角鸮

拉丁名 *Otus bakkamoena*　英文名 Collared Scops Owl　鸱鸮科 Strigidae

［形态特征］体型略大的偏灰或偏褐色角鸮，体长24cm。虹膜黄褐色，有显著的黑色眉纹，具明显耳羽簇及特征性的浅沙色颈圈。后颈基部有一显著的翎领。上体偏灰或沙褐，并多具黑色及皮黄色的杂纹或斑块；下体皮黄色，条纹黑色。

［生活习性］栖于山地阔叶林和混交林中，夜行性，繁殖季节叫声哀婉，鸣叫声为低沉的“王刚哥”三声一度。以鼠类和昆虫为食，从栖处跃下地面捕捉猎物。

［观察时间］3月底至10月中。

纵纹腹小鸮

拉丁名 *Athene noctua*　英文名 Little Owl　鸱鸮科 Strigidae

[形态特征] 体小而无耳羽簇的鸮鸟，体长23cm。头顶平，眼亮黄而长凝。浅色的平眉及宽阔的白色髭纹使其看似狰狞。上体褐色，具白色纵纹及点斑。下体白色，具褐色杂斑及纵纹。肩上有两道白色或皮黄色的横斑。

[生活习性] 部分地昼行性。矮胖而好奇，常神经质地点头或转动。常立于篱笆及电线上。

[观察时间] 全年。

长耳鸮

拉丁名 *Asio otus* 英文名 Long~eared Owl 鸱鸮科 Strigidae

［形态特征］中等体型的鸮鸟，体长36cm。皮黄色圆圆面庞缘以褐色及白色，具两只长长的“耳朵”（通常不可见）。眼红黄色，嘴以上的面庞中央部位具明显白色“X”"图形。上体褐色，具暗色块斑及皮黄色和白色的点斑。下体皮黄色，具棕色杂纹及褐色纵纹或斑块。

［生活习性］栖于林中、林缘或农田附近，夜行性，捕食鼠类。常利用喜鹊、乌鸦或其他猛禽的旧巢。

［观察时间］10月至次年4月。

八、佛法僧目 CORACIIFORMES

普通翠鸟

拉丁名 *Alcedo atthis*　英文名 Common Kingfisher　翠鸟科 Alcedinidae

[形态特征] 体小、具亮蓝色及棕色的翠鸟，体长15cm。上体金属浅蓝绿色，体羽艳丽而具光泽，头顶布满暗绿色和艳翠色细斑，颈侧具白色点斑；喉部白色，胸部以下呈鲜明的栗棕色；下体橙棕色，颏白，橘黄色条带横贯眼部及耳羽。

[生活习性] 常出没于开阔郊野的淡水湖泊、溪流、池塘及红树林。栖于岩石或探出的枝头上，转头四顾寻鱼而入水捉之。

[观察时间] 全年。

三宝鸟

拉丁名 *Eurystomus orientalis*　　英文名 Dollarbird　　佛法僧科 Coraciidae

［形态特征］中等体型的深色佛法僧，体长30cm。具宽阔的红嘴（亚成鸟为黑色）。整体色彩为暗蓝灰色，但喉为亮丽蓝色。飞行时两翼中心有对称的亮蓝色圆圈状斑块。

［生活习性］常栖于近林开阔地的枯树上，偶尔起飞追捕过往昆虫，或向下俯冲捕捉地面昆虫。飞行姿势怪异、笨重，胡乱盘旋或拍打双翅。因其头和嘴看似猛禽，有时遭成群小鸟的围攻。

［观察时间］5~10月。

［保护级别］LC，list。

九、戴胜目 UPUPIFORMES

戴 胜

拉丁名 *Upupa epops*　英文名 Eurasian Hoopoe　戴胜科 Upupidae

［形态特征］中等体型、色彩鲜明，容易识别，体长30cm。具长而尖黑的耸立型粉棕色丝状冠羽。头、上背、肩及下体粉棕，两翼及尾具黑白相间的条纹。嘴长且下弯。冠羽黑色，羽尖下端具白色斑。

［生活习性］喜开阔潮湿地面，性活泼，长长的嘴在地面翻动寻找地下的金针虫、蝼蛄等昆虫。有警情时冠羽立起，起飞后松懈下来。筑巢于树洞、石缝中，巢内通常有一股特别的臭味，故又称“臭姑鸪”。

［观察时间］1~11月。

十、䴕形目PICIFORMES

灰头绿啄木鸟

拉丁名 *Picus canus* 英文名 Grey–headed Woodpecker 啄木鸟科 Picidae

[形态特征] 中等体型的绿色啄木鸟，体长27cm。识别特征为下体全灰，颊及喉亦灰，飞羽具白斑点。雄鸟前顶冠猩红，眼先及狭窄颊纹黑色。枕及尾黑色。雌鸟顶冠灰色而无红斑。嘴相对短而钝。

[生活习性] 怯生谨慎，常活动于小片林地及林缘，亦见于大片林地。有时下至地面寻食蚂蚁。

[观察时间] 全年。

大斑啄木鸟

拉丁名 *Dendrocopos major* 英文名 Great Spotted Woodpecker 啄木鸟科 Picidae

[形态特征] 体型中等的常见型黑白相间的啄木鸟，体长24cm。雄鸟枕部具狭窄红色带而雌鸟无。两性臀部均为红色，但带黑色纵纹的近白色胸部上无红色或橙红色，肩具大白斑，翼有白色斑。

[生活习性] 栖于林中，筑巢于树洞中，吃食昆虫及树皮下的蛴螬，也吃植物种子。

[观察时间] 全年。

星头啄木鸟

拉丁名 *Dendrocopos canicapillus* 英文名 Grey-capped Woodpecker 啄木鸟科 Picidae

[形态特征] 体小具黑白色条纹的啄木鸟，体长15cm。下体无红色，头顶灰色；雄鸟眼后上方具红色条纹，近黑色条纹的腹部棕黄色。

[生活习性] 栖于林中，能在树上攀登，主食昆虫，有时也吃杂草种子。

[观察时间] 全年。

十一、雀形目 PASSERIFORMES

风头百灵

拉丁名 *Galerida cristata*　　英文名 Crested Lark　　百灵科　Alaudidae

[形态特征] 体型略大的具褐色纵纹的百灵，体长18cm。冠羽长而窄。上体沙褐而具近黑色纵纹，尾覆羽皮黄色。下体浅皮黄，胸密布近黑色纵纹。看似矮墩而尾短，嘴略长而下弯。飞行时两翼宽，翼下锈色；尾深褐而两侧黄褐。

[生活习性] 栖于山坡草地上，集结成群，于栖处或于高空飞行时鸣唱。

[观察时间] 11月中至次年3月中。

家 燕

拉丁名 *Hirundo rustica* 英文名 Barn Swallow 燕科 Hirundinidae

[形态特征] 中等体型的辉蓝色及白色的燕，体长20cm。上体钢蓝色；胸偏红而具一道蓝色胸带，腹白；尾甚长，近端处具白色点斑。

[生活习性] 在高空滑翔及盘旋，或低飞于地面或水面捕捉小昆虫。降落在枯树枝、柱子及电线上。

金腰燕

拉丁名 *Hirundo daurica* 英文名 Red-rumped Swallow 燕科 Hirundinidae

［形态特征］体长18cm。浅栗色的腰与深钢蓝色的上体成对比，下体白而多具黑色细纹，腰部有显著的栗色或黄色横斑带，尾长而叉深。

［生活习性］栖于城区、郊区及山区村庄。主食昆虫。营巢于居民区的房屋、农舍的屋檐上。

［观察时间］4~9月。

灰鹡鸰

拉丁名 *Motacilla cinerea*　英文名 Grey Wagtail　鹡鸰科 Motacillidae

[形态特征] 中等体型而尾长的偏灰色鹡鸰，体长19cm。具白色眉纹，腰黄绿色，下体黄，尾羽黑色，外侧1对白色。夏季雄鸟颏喉部黑色。

[生活习性] 常光顾多岩溪流并在潮湿砾石或沙地觅食，也于最高山脉的高山草甸上活动，以昆虫为食。

[观察时间] 5~9月。

白鹡鸰

拉丁名 *Motacilla alba*　　英文名 White Wagtail　　鹡鸰科　Motacillidae

［形态特征］中等体型的黑、灰及白色鹡鸰，体长20cm。体羽上体灰色，下体白，两翼及尾黑白相间。冬季头后、颈背及胸具黑色斑纹但不如繁殖期扩展。

［生活习性］栖于近水的开阔地带、稻田、溪流边及道路上。受惊扰时飞行骤降并发出示警叫声。

［观察时间］3~11月。

树　鹨

拉丁名 *Anthus hodgsoni*　　英文名 Oriental Tree Pipit　　鹡鸰科　Motacillidae

[形态特征] 体长15~16cm。上体羽橄榄绿色，稍具斑纹；下体棕白色，胸部和胁部具黑褐色粗纵纹。上嘴黑褐色，下嘴粉红肉色，先端黑褐色。

[生活习性] 栖于有树木处及附近草地、农田，常在地上奔驰觅食，主食昆虫及杂草种子。

[观察时间] 4~5月，9月至次年1月。

粉红胸鹨

拉丁名 *Anthus roseatus* 英文名 Rosy Pipit 鹡鸰科 Motacillidae

［形态特征］中等体型的偏灰色而具纵纹的鹨，体长15cm。眉纹显著。繁殖期下体粉红而几无纵纹，眉纹粉红。非繁殖期粉皮黄色的粗眉线明显，背灰而具黑色粗纵纹，胸及两胁具浓密的黑色点斑或纵纹。

［生活习性］通常藏隐于近溪流处。

［观察时间］5~9月。

长尾山椒鸟

拉丁名 *Pericrocotus ethologus* 英文名 Long-tailed Minivet 山椒鸟科 Campephagidae

［形态特征］体长20cm。雄鸟头顶和背部辉黑色，脸和喉黑色，腰和尾上覆羽、胸以下均为猩红色，翅黑色，具大块红色翼斑。雌鸟前额黄色，头至背灰黄色，腰及外侧尾羽黄色，翅黑色，具黄色翼斑。

［生活习性］栖于山区海拔1000m以上阔叶林和混交林缘，主食昆虫。

［观察时间］5~8月。

太平鸟

拉丁名 *Bombycilla garrulus*　英文名 Bohemian Waxwing　太平鸟科 Bombycillidae

［形态特征］体长18cm。全身羽色呈粉褐色，头顶具明显长冠羽。黑色过眼纹，颏喉部具黑色斑块。腹部灰白色，尾下覆羽栗红色，双翅各具一道斜贯的白色斑纹。

［生活习性］成群活动于树林顶端，喜食浆果、昆虫，有时暴食到几乎不能飞行。

［观察时间］10月至次年4月。

褐河乌

拉丁名 *Cinclus pallasii*　英文名 Brown Dipper　河乌科 Cinclidae

［形态特征］体型略大的深褐色河乌，体长21cm。体无白色或浅色胸围，有时眼上的白色小块斑明显。

［生活习性］常栖于山谷溪流附近，常见停立于水中岩石上，头常点动，翘尾并偶尔抽动。在水面游泳然后潜入水中捕食昆虫、小鱼虾等。

［观察时间］全年。

鹪　鹩

拉丁名 *Troglodytes troglodytes*　英文名 Wren　鹪鹩科 Troglodytidae

［形态特征］体型小巧的褐色而具横纹及点斑的似鹪鹛之鸟，体长10cm。尾上翘，嘴细。深黄褐的体羽具狭窄黑色横斑及模糊的皮黄色眉纹为其特征。

［生活习性］栖于山谷溪流附近，常活动于岸边茂密灌丛枝梢上，以昆虫和蜘蛛为食。冬季在缝隙内紧挤而群栖。尾不停地轻弹而上翘。

［观察时间］全年。

红喉歌鸲（红点颏）

拉丁名 *Luscinia calliope*　英文名 Siberian Rubythroat　鸫科 Turdidae

［形态特征］中等体型而丰满的褐色歌鸲，体长16cm。具醒目的白色眉纹和颊纹，尾褐色，两胁皮黄，腹部皮黄白。雌鸟胸带近褐，头部黑白色条纹独特。成年雄鸟的特征为喉红色。

［生活习性］藏于森林密丛及次生植被中；一般在近溪流处。捕食昆虫，善于鸣叫。

［观察时间］4~5月，9~10月。

红胁蓝尾鸲

拉丁名 *Tarsiger cyanurus*　英文名 Orange-flanked Bush-Robin　鸫科　Turdidae

［形态特征］体型略小而喉白的鸲，体长15cm。特征为橘黄色两胁与白色腹部及臀成对比，尾巴蓝色。雄鸟上体蓝色，眉纹白；亚成鸟及雌鸟上体褐色。

［生活习性］长期栖于湿润山地森林及次生林的林下低处，停留栖息时尾羽常上下不停摆动，嗜吃昆虫。

［观察时间］4~5月，10月。

北红尾鸲

拉丁名 *Phoenicurus auroreus* 英文名 Daurian Redstart 鹟科 Turdidae

[形态特征] 中等体型而色彩艳丽的红尾鸲。体长15cm。具明显而宽大的白色翼斑。雄鸟：眼先、头侧、喉、上背及两翼褐黑，仅翼斑白色；头顶及颈背灰色而具银色边缘；体羽余部栗褐，中央尾羽深黑褐。雌鸟褐色，白色翼斑显著，眼圈及尾皮黄色似雄鸟，但色较黯淡。臀部有时为棕色。

[生活习性] 栖息于山林灌丛，嗜吃昆虫。常立于突出的栖处，尾颤动不停。

[观察时间] 2~11月。

红尾水鸲

拉丁名 *Rhyacornis fuliginosus* 英文名 Plumbeous Water-Redstart 鹟科 Turdidae

[形态特征] 体小的雄雌异色水鸲，体长14cm。雄鸟：腰、臀及尾栗褐，其余部位深青石蓝色。与多数红尾鸲的区别在于无深色的中央尾羽。雌鸟：上体灰，眼圈色浅；下体白，灰色羽缘成鳞状斑纹，臀、腰及外侧尾羽基部白色；尾余部黑色；两翼黑色，覆羽及三级飞羽羽端具狭窄白色。

[生活习性] 栖于溪流旁，单独或成对活动。尾常摆动。在岩石间快速移动。炫耀时停在空中振翼，尾扇开，作螺旋形飞回栖处。

[观察时间] 全年。

雌

雄

黑喉石鵖

拉丁名 *Saxicola torquata* 英文名 Common Stonechat 鸫科 Turdidae

雌

雄

［形态特征］中等体型的黑、白及赤褐色鵖，体长14cm。雄鸟头部及飞羽黑色，背深褐，颈及翼上具粗大的白斑，腰白，胸棕色。雌鸟色较暗而无黑色，下体皮黄，仅翼上具白斑。

［生活习性］喜开阔的生境，如农田、花园及次生灌丛，喜站立于树枝梢端或在电线上停留，常飞到地上或空中捕食昆虫。

［观察时间］4月底至5月，8月底至9月中。

蓝矶鸫

拉丁名 *Monticola solitarius* 英文名 Blue Rock-Thrush 鸫科 Turdidae

［形态特征］中等体型的青石灰色矶鸫，体长23cm。雄鸟暗蓝灰色，具淡黑及近白色的鳞状斑纹。腹部及尾下深栗色。雌鸟上体灰色沾蓝，下体皮黄而密布黑色鳞状斑纹。

［生活习性］常栖于突出位置如岩石、房屋柱子及死树，冲向地面捕捉昆虫。

［观察时间］5月中至8月底。

紫啸鸫

拉丁名 *Myiophoneus caeruleus*　英文名 Blue Whistling Thrush　鸫科 Turdidae

［形态特征］体大的近黑色啸鸫，体长32cm。通体蓝黑色，仅翼覆羽具少量的浅色点斑。翼及尾沾紫色闪辉，头及颈部的羽尖具闪光小羽片。

［生活习性］栖于临河流、溪流或密林中的多岩石露出处。地面取食，受惊时慌忙逃至覆盖下并发出尖厉的警叫声。

［观察时间］5月中至9月中。

斑 鸫

拉丁名 *Turdus naumanni* 英文名 Dusky Thrush 鸫科 Turdidae

[形态特征] 中等体型而具明显黑白色图纹的鸫，体长25cm。具浅棕色的翼线和棕色的宽阔翼斑。眉纹棕白色，上体羽黑褐色，各羽缀以淡灰褐色狭羽缘，胸部和胁部斑点黑褐色，尾羽下表面灰褐色。

[生活习性] 常集小群穿行于林缘、农田旷野的草地上，以昆虫、植物种子、果实为食。

[观察时间] 10月至次年5月。

褐柳莺

拉丁名 *Phylloscopus fuscatus*　英文名 Dusky Warbler　莺科 Sylviidae

[形态特征] 中等体型的单一褐色柳莺，体长11cm。外形甚显紧凑而墩圆，两翼短圆，尾圆而略凹。下体乳白，胸及两胁沾黄褐。上体灰褐，飞羽有橄榄绿色的翼缘。嘴细小，腿细长。

[生活习性] 栖于低矮灌丛、林缘草地，常翘尾并轻弹尾及两翼，鸣叫声近似“嘎叭、嘎叭”。

[观察时间] 5月，9月中。

黄腰柳莺

拉丁名 *Phylloscopus proregulus* 英文名 Lemon-rumped Warbler 莺科 Sylviidae

[形态特征] 体小的背部绿色的柳莺，体长9cm。腰柠檬黄色；具两道浅色翼斑；下体灰白，臀及尾下覆羽沾浅黄；具黄色的粗眉纹和适中的顶纹；脚淡褐色。

[生活习性] 在春、秋季城市、平原、山区均常见。通常于树顶端枝叶间来回穿梭跳跃，动作活泼，主食昆虫。

[观察时间] 4月底至10月中。

白眉（姬）鹟

拉丁名 *Ficedula zanthopygia*　英文名 Yellow-rumped Flycatcher　鹟科 Muscicapidae

［形态特征］体小的黄、白及黑色的鹟，体长13cm。腰、喉、胸及上腹黄色，下腹、尾下覆羽白色，其余黑色，仅眉线及翼斑白色。雌鸟：上体暗褐，下体色较淡，腰暗黄。雄鸟白色眉纹和黑色背部及雌鸟的黄色腰各有别于黄眉[姬]鹟的雄雌两性。

［生活习性］喜灌丛及近水林地，以食昆虫为主。

［观察时间］5月中至9月初。

红喉（姬）鹟（黄点颏）

拉丁名 *Ficedula parva*　英文名 Red-breasted Flycatcher　鹟科 Muscicapidae

[形态特征] 体型小的褐色鹟，体长13cm。尾色暗，基部外侧明显白色。繁殖期雄鸟胸红沾灰，但冬季难见。雌鸟及非繁殖期雄鸟暗灰褐，喉近白，眼圈狭窄白色。尾及尾上覆羽黑色区别于北灰鹟。

[生活习性] 栖于林缘及河流两岸的较小树上。有险情时冲至隐蔽处。尾展开显露基部的白色并发出粗哑的咯咯声。

[观察时间] 4月中至5月底，9~10月。

白腹（姬）鹟（白腹蓝鹟）

拉丁名 *Ficedula cyanomelana*　英文名 Blue~and~white Flycatcher　鹟科 Muscicapidae

［形态特征］体大的蓝、黑及白色鹟，体长17cm。雄鸟特征为脸、喉及上胸近黑，上体闪光钴蓝色，下胸、腹及尾下的覆羽白色。外侧尾羽基部白色，深色的胸与白色腹部截然分开。雌鸟：上体灰褐，两翼及尾褐，喉中心及腹部白。与北灰鹟的区别在于体型较大且无浅色眼先。

［生活习性］喜有原始林及次生林的多林地带，在高林层取食，嗜吃昆虫。

［观察时间］4月底至10月中。

寿带（鸟）

拉丁名 *Terpsiphone paradisi* 英文名 Asian Paradise-Flycatcher 王鹟科 Monarchidae

[形态特征] 体长22cm（雄鸟计尾长再加20cm）。头、冠羽 喉部蓝黑色，具金属光泽。雄性成鸟中央尾羽特别延长。白羽型除头部蓝黑色外，全身纯白色，具黑色羽干纹。栗色型上体栗色，下体羽白色为主，胸部呈苍灰色，尾羽栗色，嘴和眼圈蓝色。雌鸟冠羽较短，没有长尾。

[生活习性] 白色的雄鸟飞行时显而易见。通常从森林较低层的栖处捕食，常与其他种类混群。

[观察时间] 5月中至9月中。

山噪鹛

拉丁名 *Garrulax davidi*　英文名 Plain Laughingthrush　画眉科 Timaliidae

［形态特征］中等体型的偏灰色噪鹛，体长29cm。上体全灰褐，下体较淡，具明显的浅色眉纹，颏近黑，嘴稍向下曲。

［生活习性］栖于山地斜坡灌丛中，经常3~5只结小群活动觅食，鸣叫声多变化而动听，以昆虫、植物种子和果实为食。

［观察时间］全年。

棕头鸦雀

拉丁名 *Paradoxornis webbianus*　英文名 Vinous-throated Parrotbill

鸦雀亚科 Paradoxornithidae

［形态特征］体型纤小的粉褐色鸦雀，体长12cm。嘴小似山雀，头顶及两翼栗褐，喉略具细纹。虹膜褐色，眼圈不明显。

［生活习性］常见留鸟于中等海拔的灌丛、棘丛及林缘地带。活泼而好结群，通常于林下植被及低矮树丛活动。轻的“呸”声易引出此鸟。

［观察时间］全年。

银喉长尾山雀

拉丁名 *Aegithalos caudatus*　　英文名 Long-tailed Tit　　长尾山雀科　Aegithalidae

［形态特征］美丽而小巧蓬松的山雀，体长16cm。细小的嘴黑色，尾甚长，黑色而带白边。指名亚种头部纯白色，背黑色，下背杂以葡萄红色。华北亚种头顶和枕部辉黑色，头顶中央贯以黄灰色纵纹，颏喉部污白色，喉部中央具一银灰色块斑。

［生活习性］栖于山区林间，结成小群跳跃和穿梭于树顶端，捕食昆虫。夜宿时挤成一排。

［观察时间］全年。

大山雀

拉丁名 *Parus major* 英文名 Great Tit 山雀科 Paridae

[形态特征] 体大而结实的黑、灰及白色山雀，体长14cm。头及喉辉黑，与脸侧白斑及颈背块斑成强烈对比；翼上具一道醒目的白色条纹，一道黑色带沿胸中央而下。雄鸟胸带较宽，幼鸟胸带减为胸兜。

[生活习性] 栖于山地森林、果园，性活泼，成对或成小群活动，常在树枝间上下跳跃。食物以昆虫为主。

[观察时间] 全年。

黄腹山雀

拉丁名 *Parus venustulus*　英文名 Yellow-bellied Tit　山雀科　Paridae

［形态特征］体型较小且无大山雀及绿背山雀胸腹部的黑色纵纹，体长10cm。下体黄色，翼上具两排白色点斑，嘴甚短。雄鸟头及胸兜黑色，颊斑及颈后点斑白色，上体蓝灰，腰银白。雌鸟头部灰色较重，喉白，与颊斑之间有灰色的下颊纹，眉略具浅色点。

［生活习性］结群栖于林区，主食昆虫。鸣叫声很细，高音调的“吱吱吱”。

［观察时间］4月底至11月中。

煤山雀

拉丁名 *Parus ater*　山雀科 Paridae

［形态特征］头顶、颈侧、喉及上胸黑色。翼上具两道白色翼斑以及颈背部的大块白斑使之有别于褐头山雀及沼泽山雀。背灰色或橄榄灰色，白色的腹部或有或无皮黄色。多数亚种具尖状的黑色冠羽。与大山雀及绿背山雀的区别在于胸中部无黑色纵纹。

［生活习性］栖于山地针叶林或混交林中，储藏食物以备冬季之需。

［观察时间］全年。

沼泽山雀

拉丁名 *Parus palustris*　　英文名 Marsh Tit　　山雀科 Paridae

［形态特征］体长11.5cm。头顶及颏黑色，上体偏褐色或橄榄色，下体近白，两胁皮黄，无翼斑或项纹。与褐头山雀易混淆，但通常无浅色翼纹而具辉黑色顶冠。

［生活习性］一般单独或成对活动，有时加入混合群。常穿梭于树林或灌丛间，性较活泼，攀附枝上啄食昆虫。

［观察时间］全年。

褐头山雀

拉丁名 *Parus montanus*　　英文名 Willow Tit　　山雀科　Paridae

［形态特征］体长11.5cm。头顶及颏褐黑，上体褐灰，下体近白，两胁皮黄，无翼斑或项纹。与沼泽山雀易混淆，但一般具浅色翼纹，黑色顶冠较大而少光泽，头显比例较大。

［生活习性］似沼泽山雀，但喜湿润森林。

［观察时间］全年。

普通䴓

拉丁名 *Sitta europaea* 英文名 Eurasion Nuthatch 䴓科 Sittidae

[形态特征] 中等体型而色彩优雅的䴓，体长13cm。上体蓝灰，过眼纹黑色，喉白，腹部淡皮黄，两胁浓栗，尾下覆羽为栗色，各有一楔形白色端斑。

[生活习性] 栖于山区森林中，成对或结小群活动，常头朝下寻找树皮缝中的食物，以坚果、昆虫及叶片为食。

[观察时间] 全年。

红胁绣眼

拉丁名 *Zosterops erythropleura*　　英文名 Chestnut-flanked White-eye

绣眼鸟科　Zosteropidae

[形态特征] 体长12cm。上体大都黄绿色，上背黄色较少，而呈暗绿色。眼周缀以白色羽圈。颏、喉、颈侧、前胸及尾下覆羽鲜硫磺色，胁部栗红色。

[生活习性] 栖于果树、柳树或其他阔叶树间，主食昆虫。

[观察时间] 5月中至10月底。

黑枕黄鹂

拉丁名 *Oriolus chinensis*　英文名 Black-naped Oriole　黄鹂科 Oriolidae

[形态特征] 中等体型的黄色及黑色鹂，体长26cm。过眼纹及颈背黑色，飞羽多为黑色。雄鸟体羽余部艳黄色。与细嘴黄鹂的区别在于嘴较粗，颈背的黑带较宽。雌鸟色较暗淡，背橄榄黄色。亚成鸟背部橄榄色，下体近白而具黑色纵纹。

[生活习性] 栖于开阔林、人工林、园林、村庄及红树林。成对或以家族为群活动。常留在树上但有时下至低处捕食昆虫。飞行呈波状，振翼幅度大，缓慢而有力。

[观察时间] 5月中至9月中。

发冠卷尾

拉丁名 *Dicrurus hottentottus* 英文名 Spangled Drongo 卷尾科 Dicruridae

［形态特征］体型略大的黑天鹅绒色卷尾，体长32cm。头具细长羽冠，体羽斑点闪烁。尾长而分叉，外侧羽端钝而上翘形似竖琴。

［生活习性］栖息和繁殖在海拔400m以上的山区。有时(尤其晨昏)聚集一起鸣唱并在空中捕捉昆虫，甚吵嚷。

［观察时间］6~9月。

灰椋鸟

拉丁名 *Sturnus cineraceus* 英文名 White-cheeked Starling 椋鸟科 Sturnidae

[形态特征] 中等体型的棕灰色椋鸟，体长24cm。头黑，头侧具白色纵纹，臀、外侧尾羽羽端及次级飞羽狭窄横纹白色。雌鸟色浅而暗。

[生活习性] 结群栖于丘陵地带或平原地区，善于地面奔驰啄食，取食果实、草种及昆虫。

[观察时间] 全年。

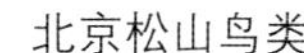

松 鸦

拉丁名 *Garrulus glandarius*　　英文名 Eurasian Jay　　鸦科 Corvidae

［形态特征］体小的偏粉色鸦，体长35cm。特征为翼上具黑色及蓝色镶嵌图案，腰白。髭纹黑色，两翼黑色具白色块斑。飞行时两翼显得宽圆。

［生活习性］性喧闹，喜落叶林地及森林。以果实、鸟卵、尸体及橡树子为食。主动围攻猛禽。

［观察时间］全年。

红嘴蓝鹊

拉丁名 *Urocissa erythrorhyncha* 英文名 Red-billed Blue Magpie 鸦科 Corvidae

［形态特征］体长且具长尾的亮丽蓝鹊，体长68cm。头黑而顶冠白，中央2枚尾羽很长，为紫蓝色，羽端白色，嘴和脚均为朱红色。与黄嘴蓝鹊的区别在于嘴猩红，脚红色。

［生活习性］见于山地或平原村落的树丛中，性喧闹，结小群活动。以果实、小型鸟类及卵、昆虫和动物尸体为食，常在地面取食。主动围攻猛禽。

［观察时间］全年。

灰喜鹊

拉丁名 *Cyanopica cyana*　英文名 Azure-winged Magpie　鸦科 Corvidae

［形态特征］体小而细长的灰色喜鹊，体长35cm。顶冠、耳羽及后枕黑色，两翼天蓝色，尾长并呈蓝色。

［生活习性］性吵嚷，结群栖于开阔松林及阔叶林、公园甚至城镇。飞行时振翼快，作长距离的无声滑翔。在树上、地面及树干上取食，食物为果实、昆虫及动物尸体。

［观察时间］全年。

喜 鹊

拉丁名 *Pica pica* 英文名 Black-billed Magpie 鸦科 Corvidae

[形态特征] 体长45cm。体羽除肩羽、下胸至腹部白色外，全身体羽均黑色并具蓝色辉光。

[生活习性] 适应性强，农田或摩天大厦均可为家。多从地面取食，杂食性。结小群活动。巢为胡乱堆搭的拱圆形树棍，经年不变。

[观察时间] 全年。

红嘴山鸦

拉丁名 *Pyrrhocorax pyrrhocorax*　英文名 Red-billed Chough　鸦科　Corvidae

[形态特征] 体型略小而漂亮的黑色鸦，体长45cm。鲜红色的嘴短而下弯，脚红色。亚成鸟似成鸟但嘴较黑。与黄嘴山鸦区别在于嘴较短，为红色而非黄色。

[生活习性] 结小群至大群活动，栖于山区裸岩地区，有时到平原活动，以昆虫、植物种子为食。

[观察时间] 全年。

大嘴乌鸦

拉丁名 *Corvus macrorhynchos* 英文名 Large-billed Crow 鸦科 Corvidae

[形态特征] 体大的闪光黑色鸦，体长50cm。嘴甚粗厚，上嘴上缘与前额几呈直角。与小嘴乌鸦的区别在于嘴粗厚而尾圆，头顶更显拱圆形。

[生活习性] 成对生活，喜栖于村庄周围。杂食，常在垃圾堆觅食。叫声似“ar-ar”。本物种智力水平极高，能很好地适应城市生活，据观察它们能够轻松学会打开密封垃圾袋的技术，还懂得利用马路上的滚滚车流来帮助它们打开坚硬的果壳，有的个体甚至能够看懂交通信号灯。

[观察时间] 全年。

小嘴乌鸦

拉丁名 *Corvus corone*　英文名 Carrion Crow　鸦科 Corvidae

[形态特征] 体大的黑色鸦，体长50cm。体羽具紫蓝色光泽。嘴长不及头长，与秃鼻乌鸦的区别在于嘴基部被黑色羽，与大嘴乌鸦的区别在于额弓较低，嘴虽强劲但形显细。

[生活习性] 喜结大群栖息，夏季在于山区繁殖，冬季迁至平原，夜宿居民区乔木上。鸣声粗厉。取食于矮草地及农耕地，以无脊椎动物为主要食物，但喜吃尸体，常在道路上吃被车辆压死的动物。

[观察时间] 全年。

（树）麻雀

拉丁名 *Passer montanus*　　英文名 Eurasian Tree Sparrow　　雀科 Passeridae

［形态特征］体型略小的矮圆而活跃的麻雀，体长14cm。顶冠及颈背褐色，两性同色。成鸟上体近褐，下体皮黄灰色，颈背具完整的灰白色领环。与山麻雀的区别在于脸颊具明显黑色点斑且喉部黑色较少。幼鸟似成鸟但色较黯淡，嘴基黄色。

［生活习性］栖于有稀疏树木的地区、村庄及农田并危害农作物。

［观察时间］全年。

山麻雀

拉丁名 *Passer rutilans*　英文名 Russet Sparrow　雀科 Passeridae

［形态特征］中等体型的艳丽麻雀，体长14cm。雄雌异色。雄鸟顶冠及上体为鲜艳的黄褐色或栗色，上背具纯黑色纵纹，喉黑，脸颊污白。雌鸟色较暗，具深色的宽眼纹及奶油色的长眉纹。

［生活习性］结群栖于高地的开阔林、林地或于近耕地的灌木丛。

雌

雄

燕雀

拉丁名 *Fringilla montifringilla*　英文名 Brambling　燕雀科　Fringillidae

［形态特征］中等体型而斑纹分明的壮实型雀鸟，体长16cm。胸棕而腰白。成年雄鸟头及颈背黑色，背近黑；腹部白，两翼及叉形的尾黑色，有醒目的白色肩斑和棕色的翼斑，且初级飞羽基部具白色点斑。非繁殖期的雄鸟与繁殖期雌鸟相似，但头部图纹明显为褐、灰及近黑色。

［生活习性］栖于针阔混交林中，迁徙时在农田、荒山成大群活动。于地面或树上取食，主食昆虫及草种。

［观察时间］10月至次年5月中。

金翅（雀）

拉丁名 *Carduelis sinica* 英文名 Grey-capped Greenfinch 燕雀科 Fringillidae

[形态特征] 体小的黄、灰及褐色雀鸟，体长13cm。具宽阔的黄色翼斑。成体雄鸟顶冠及颈背灰色，背纯褐色，翼斑、外侧尾羽基部及臀黄，尾呈叉形。雌鸟色暗，幼鸟色淡且多纵纹。

[生活习性] 栖于灌丛、旷野、人工林、园林及林缘地带，直线飞行，速度快。食物以植物种子为主，繁殖期吃昆虫。

[观察时间] 全年。

普通朱雀

拉丁名 *Carpodacus erythrinus*　英文名 Common Rosefinch　燕雀科　Fringillidae

[形态特征] 体长15cm。嘴短厚，上体灰褐，腹白。繁殖期雄鸟头、胸、腰及翼斑多具鲜亮红色。雌鸟无粉红，上体清灰褐色，下体近白。幼鸟似雌鸟但褐色较重且有纵纹。雄鸟与其他朱雀的区别在于红色鲜亮。无眉纹，腹白，脸颊及耳羽色深而有别于多数相似种类。雌鸟色暗淡。

[生活习性] 栖于亚高山林带但多在林间空地、灌丛及溪流旁。单独、成对或结小群活动，飞行呈波状。食物以植物籽实和昆虫为主。

[观察时间] 5~12月。

黄喉鹀

拉丁名 *Emberiza elegan* 英文名 Yellow-throated Bunting 鹀科 Emberizidae

［形态特征］体长15cm。腹白，头部图纹为清楚的黑色及黄色，具短羽冠，喉黄色，胸具半月形黑色斑块，余部灰白色。雌鸟似雄鸟但色暗，褐色取代黑色，皮黄色取代黄色。

［生活习性］栖于丘陵及山脊的干燥落叶林及混交林，越冬在多荫林地、森林及次生灌丛。食物以草籽、谷物、野果为主，也吃昆虫。

［观察时间］全年。

雌

雄

戈氏岩鹀（灰眉岩鹀）

拉丁名 *Emberiza cia*　英文名 Rock Bunting　鹀科 Emberizidae

［形态特征］体长16cm。特征为头部具灰色及黑色条纹，下体暖褐色，尾黑褐色，外侧两对尾羽具楔状白斑。雌鸟似雄鸟但色淡。

［生活习性］喜干燥少植被的多岩丘陵山坡及沟壑深谷，冬季移至开阔多矮丛的栖息生境。食物随季节变化，繁殖期以昆虫为主，其他时间吃植物种子。

［观察时间］全年。

三道眉草鹀

拉丁名 *Emberiz cioides*　英文名 Meadow Bunting　鹀科 Emberizidae

［形态特征］体型略大的棕色鹀，体长16cm。雄鸟具醒目的黑白色头部图纹和栗色的胸带，以及白色的眉纹、上髭纹并颏及喉。繁殖期雄鸟脸部有别致的褐色及黑白色图纹，胸栗，腰棕。雌鸟色较淡，眉线及下颊纹皮黄，胸浓皮黄色。

［生活习性］栖居低山、丘陵的开阔灌丛及林缘地带，冬季下至较低的平原地区。食物以植物种子和昆虫为主。

［观察时间］全年。

小　鹀

拉丁名 *Emberiza pusilla*　英文名 Little Bunting　鹀科 Emberizidae

［形态特征］体长13cm。头具条纹，雄雌同色。繁殖期成鸟体小而头具黑色和栗色条纹，眼圈色浅。冬季雄雌两性耳羽及顶冠纹暗栗色，颊纹及耳羽边缘灰黑，眉纹及第二道下颊纹暗皮黄褐色。上体褐色而带深色纵纹。下体偏白，胸及两胁有黑色纵纹。

［生活习性］秋季常成大群在灌丛、草地活动，冬季分散活动，杂食性。

［观察时间］3~5月，8~11月。

北京松山常见
物种资源图谱
Flora and Fauna in Beijing Songshan Nature Reserve

第三章
北京松山哺乳、爬行、两栖动物

Chapter Three: Mammals, Reptiles, Amphibians in Beijing Songshan

狍（狍子）

拉丁名 *Capreolus capreolus* 英文名 Roe Deer 哺乳纲 Mammalia
偶蹄目 Artiodactyla 鹿科 Cervidae 狍属 *Capreolus*

［形态特征］雌狍无角；雄狍有角，角短而直，分枝三叉。体型中等，体格匀称。夏毛淡黄，冬毛棕灰，毛色单纯，稠密易断。体长100~140cm，尾长仅2~3cm。体重25~45kg。

［分布及生境］全球分布范围：亚洲西伯利亚、蒙古、朝鲜半岛、中国；全国分布范围：东北、华北和新疆等地区。山地、草原、森林均有分布。

［食性］树叶、草、果实、种子、地衣、苔藓、灌木、花朵、水草、树皮、嫩枝、树苗。

［繁殖特点］一般春季3~4月发情交配，怀孕期4~10个月，每胎1~3崽。2~3岁性成熟。

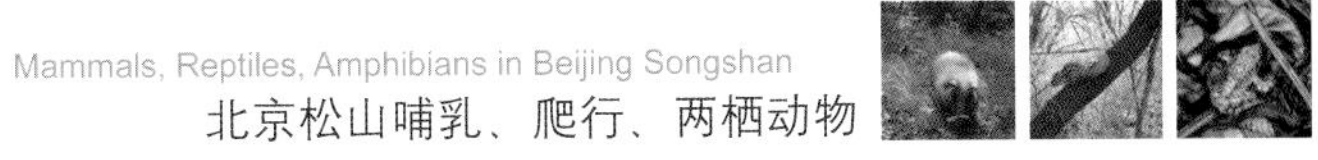

猪獾

拉丁名 *Arctonyx collaris*　英文名 Hog Badger　哺乳纲 Mammalia
食肉目 Carnivora　鼬科 Mustelidae　猪獾属 *Arctonyx*

[形态特征] 全身浅棕色或黑棕色，另杂以白色；喉及尾白色；鼻尖至颈背有一白色纵纹，从嘴角到头后各有一道短白纹。体长60~75cm。体重6.5~7.5kg。

[分布及生境] 全球分布范围：中国、印度、泰国、马来西亚和苏门答腊；全国分布范围：分布于西北、西南、华中、华南等地。栖息于山地阔叶林、林缘、灌丛、草坡、农田、荒地等地带。喜欢穴居。

[食性] 杂食性。主要吃蚯蚓、青蛙、蜥蜴、泥鳅、黄鳝、甲壳动物、昆虫、蜈蚣、小鸟和鼠类等动物，也吃玉米、小麦、土豆、花生等农作物。

[繁殖特点] 孕期120天左右。春末产仔，每胎产2~4只。

狗　獾

拉丁名　*Meles meles*　　英文名　Badger; Brock　　哺乳纲　Mammalia

食肉目　Carnivora　　鼬科　Mustelidae　　狗獾属　*Meles*

［形态特征］体形肥大，四肢健壮，粗短；爪长而锐利，适于挖掘；鼻垫发达，吻部似狗吻；鼻垫与上唇间被毛。自头至臀部为黑棕色并掺杂白色，或呈均匀的黑白相间的色泽，胸面部具3道白色或污白色纵纹，其间夹有两条黑棕色宽带。喉部、腹部及四肢均黑色。体长45~55cm。体重10~12kg。

［分布及生境］全球分布范围：北半球的欧亚大陆和北美洲；全国分布范围：除台湾和海南岛外，我国境内均有分布。栖息在丛林、荒山、溪流湖泊，山坡丘陵的灌木丛中。喜群居，善挖洞。

［食性］喜食植物的根茎、玉米、花生、菜类、瓜类、豆类、昆虫、蚯蚓、青蛙、鼠类和其他小哺乳类、小爬行类等。

［繁殖特点］每年繁殖1次，9~10月交配，怀孕期6~7个月，春季产仔，每胎2~5只。

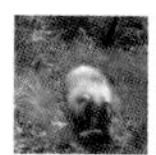

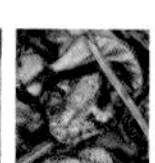

豹　猫

拉丁名 *Prionailurus bengalensis*　英文名 Leopard Cat　哺乳纲 Mammalia
食肉目 Carnivora　猫科 Felidae　豹猫属 *Prionailurus*

［形态特征］尾背有褐斑点半环，尾端黑色或暗棕色。身上点缀着或大或小深棕或黑色的斑点，前额到颈部常有4条深色的纵向条纹，四肢和尾巴也各有斑纹环绕，背部中央常有一条斑纹贯穿全身。腹部、胸部白色。体长为36~90cm，尾长15~37cm。体重3~8kg。

［分布及生境］全球分布范围：亚洲大陆东部和南部及南亚各群岛；全国分布范围：除新疆和内蒙古的干旱荒漠、青藏高原的高海拔地区外。栖息在山地林区、郊野灌丛和林缘村寨附近。

［食性］主要以鼠类、松鼠、飞鼠、兔类、蛙类、蜥蜴、蛇类、小型鸟类、昆虫等为食，也吃浆果、榕树果和部分嫩叶、嫩草。

［繁殖特点］北方的豹猫春夏季繁殖，春季发情交配，5~6月产仔，每年1胎，每胎2~4仔，以2仔居多。南方地区的豹猫一年四季都可繁殖。

黄　鼬（黄鼠狼）

拉丁名 *Mustela sibirica*　英文名 Siberian Weasel　哺乳纲 Mammalia

食肉目 Carnivora　鼬科 Mustelidae　鼬属 *Mustela*

[形态特征] 体形细长，四肢短。颈长、头小。尾长约为体长之半，尾毛蓬松。背部毛棕褐色或棕黄色，吻端和颜面部深褐色，鼻端周围、口角和额部白色对称分布，杂有棕黄色，身体腹面颜色略淡。夏毛颜色较深，冬毛颜色浅淡且带光泽。尾部、四肢与背部同色。肛门腺发达。体长25~39cm、尾长14~18cm。

[分布及生境] 全球分布范围：西伯利亚、朝鲜、日本、克什米尔、印度、尼泊尔、缅甸和印度尼西亚等亚洲地区；全国分布范围：大部分地区均有分布，包括北京、天津、河北、山西、内蒙古、辽宁、吉林、黑龙江、上海、江苏、浙江、安徽、福建、江西、山东、河南、湖北、湖南、广东、广西、四川、贵州、云南、西藏、陕西、甘肃、青海、宁夏、新疆、台湾。栖息于山地和平原，见于林缘、河谷、灌丛和草丘中，也常出没在村庄附近。居于石洞、树洞或倒木下。多夜间活动。

[食性] 食性很杂，在野外以鼠类为主食，也吃鸟卵及幼雏、鱼、蛙和昆虫；在住家附近，常在夜间偷袭家禽。

[繁殖特点] 季节性繁殖动物，南方每年2~4月繁殖，北方4~6月繁殖。出生后8~10个月性成熟，头年出生的仔鼬到翌年春季就能繁殖，年产1胎。每胎产仔鼬3~8只，最多可达到12只。

[其它生态习性] 具臭腺。

野　猪

拉丁名 *Sus scrofa*　英文名 Wild Boar　哺乳纲 Mammalia

偶蹄目 Artiodactyla　猪科 Suidae　猪属 *Sus*

［形态特征］皮肤灰色，且被粗糙的暗褐色或者黑色鬃毛所覆盖，在激动时竖立在脖子上形成一绺鬃毛，这些鬃毛可能发展成17cm长。雄性比雌性大。猪崽带有条状花纹，毛粗而稀，鬃毛几乎从颈部直至臀部，耳尖而小，嘴尖而长，头和腹部较小，脚高而细，蹄黑色。背直不凹，尾比家猪短，雄性野猪具有尖锐发达的牙齿。纯种野猪和特种野猪主要表现在耳、嘴、背、脚、腹的尺寸大小程度上。体长90~200cm，肩高50~100cm。体重80~100kg。

［分布及生境］全球分布范围：除澳大利亚、南美洲和南极洲外均有分布；全国分布范围：东北三省、云贵地区、福建、广东地区。栖息于山地、丘陵、荒漠、森林、草地和林丛间。适应性极强。

［食性］野猪的食性很杂，只要能吃的东西都吃。

［繁殖特点］繁殖期集中在1月、2月和7月、8月。雌性野猪一般18个月性成熟，雄性则要3~4年。一胎能生4~12头幼仔，在繁殖旺盛期的雌兽，一年可以生两胎。

［其他生态习性］白天通常不出来走动。一般早晨和黄昏时分活动觅食，大多集群活动，4~10头一群是较为常见的，野猪喜欢在泥水中洗浴。野猪身上的鬃毛具有像毛衣那样的保暖性。到了夏天，它们就把一部分鬃毛脱掉以降温。活动范围一般8~12km^2，大多数时间在熟知的地段活动。每群的领地大约10km^2，在与其他群体发生冲突时，公猪负责守卫群体。

貉

拉丁名 *Nyctereutes procyonoides* 英文名 Raccoon Dog 哺乳纲 Mammalia

食肉目 Carnivora 犬科 Canidae 貉属 *Nyctereutes*

［形态特征］貉略小于狐，被毛长而蓬松，外形粗短，肥胖，嘴尖细，四肢细短。前足5趾，第一趾短，行走时短趾悬空，四趾触地。后肢狭长，后足具4趾。尾蓬松。体长50~65cm，尾长25cm。体重4~6kg。

［分布及生境］全球分布范围：东亚特有动物，主产中国、朝鲜、日本、蒙古等国；全国分布范围：东北和西南，其中东北地区分布密度最大。栖居于山野、森林、河川和湖沼附近的荒地草原、灌木丛以及土堤或海岸，有时居住于草堆里。

［食性］食性杂。野生状态下，以鼠类、鱼类、蚪类、蛙类、鸟、蛇、虾、蟹等，以及昆虫类，如甲虫、金龟子、蝗虫、蜜蜂、蛾、鳞翅目的幼虫等为食。也食作物的子实、根、茎、叶和野果、野菜、瓜皮等。

［繁殖特点］貉的寿命8~16年，繁殖年龄7~10年，繁殖最佳年龄3~5年。貉是季节性繁殖动物，春季发情配种，个别貉可在1月和4月份发情配种，怀孕期60天左右，每胎平均6~10头，哺乳期50~55天。

［其他生态习性］貉同种间很少争斗，通常1公1母成双穴居，但也有一公多母和一母多公的同洞穴居。产仔后，双亲同仔兽一起穴居到入冬以前，待幼貉寻到新洞穴时，幼貉离开双亲。

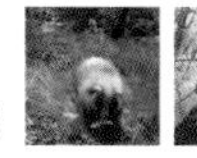

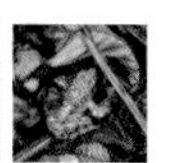

斑 羚

拉丁名 *Naemorhedus goral* 英文名 Red Goral 哺乳纲 Mammalia

偶蹄目 Artiodactyla 牛科 Bovidae 斑羚属 *Naemorhedus*

[形态特征] 体型大小如山羊，但无胡须。眼睛大，向左右突出，没有眶下腺，耳朵较长。雌雄均具黑色短直的角，较短小，长15~20cm。角的基部靠得很近，相距仅有1~2cm，角尖尖锐、光滑。雌兽的角稍细，头部较狭而短。头部沿脊背有一条黑褐色背纹，喉部有白色或黄色的浅喉斑。四肢短而匀称，蹄狭窄而强健，有蹄腺。体长110~130cm，肩高70cm左右。体重40~50kg。

[分布及生境] 全球分布范围：中国和亚洲东部、南部；全国分布范围：东北、华北、西北、华南及西南诸省区。栖息生境多样，从亚热带至北温带地区均有分布，可见于山地针叶林、山地针阔叶混交林和山地常绿阔叶林，但未见于热带森林中。常在密林间的陡峭崖坡出没，并在崖石旁、岩洞或丛竹间的小道上隐蔽。

[食性] 以各种青草和灌木的嫩枝叶、果实以及苔藓等为食。

[繁殖特点] 斑羚于秋末冬初发情交配，雄兽之间以角相抵或用后肢站立、前肢搏击，争夺雌兽。雌兽的怀孕期为6~8个月，每胎产1~2仔。哺乳期为2个月。1.5~2岁时性成熟。寿命为15~17年。

[其他生态习性] 一般数只或10多只一起活动，其活动范围多不超过林线上限。它栖居的山地一般都有林密谷深、陡峭险峻的特点。性情孤独，喜欢单独活动，或者结成2~3只的小群。冬天大多在阳光充足的山岩坡地晒太阳，夏季则隐身于树荫或岩崖下休息，其他季节常置身于孤峰悬崖之上。

岩松鼠

拉丁名 *Sciurotamias davidianus* 哺乳纲 Mammalia

啮齿目 Rodentia 松鼠科 Sciuridae 岩松鼠属 *Sciurotamias*

[形态特征] 岩松鼠体型中等，尾长超过体长之半，耳大明显，眼睛周围一圈白色，四肢略短，尾毛蓬松、稀疏、背毛呈青灰色，腹部及四肢内侧毛为黄灰色，下颌为白色。体长20~25cm。

[分布及生境] 全国分布范围：辽宁、河北、北京、山东、内蒙古、山西、陕西、甘肃、宁夏、贵州、云南、西藏等地。主要栖息于山地、丘陵等多岩石地区，半树栖与半地栖。

[食性] 以野生植物种子、山桃和杏等果实为食。 由于杂食也经常以农作物为主要食物 。

[繁殖特点] 雌鼠3月、4月交配，4月、5月分娩。年繁殖1~2次，产仔2~5仔/胎。寿命为3~12年。

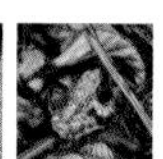

花　鼠（五道眉）

拉丁名　*Eutamias sibiricus*　　哺乳纲　Mammalia

啮齿目　Rodentia　　松鼠科　Sciuridae　　花鼠属　*Eutamias*

［形态特征］头部至背部毛呈黑黄褐色。具5条黑褐色和灰白、黄白色相间的条纹。尾毛上部为黑褐色，下部为橙黄色，耳壳为黑褐色，边为白色。体长11~15cm。

［分布及生境］全球分布范围：欧洲东北部和亚洲北部林区；全国分布范围：东北、华北、陕西和甘肃南部及四川北部山地。栖息于林区及林缘灌丛和多低山丘陵的农区。

［食性］以各种坚果、种子、浆果、花、嫩叶为食，亦吃少量成、幼昆虫。

［繁殖特点］早春开始繁殖，孕期约1个月，每年生育1~2窝，每胎产4~6仔，最多10仔。

［其他生态习性］冬眠。

小麝鼩

拉丁名 *Crocidura suaveolens* 哺乳纲 Mammalia

食虫目 Insectivora 鼩鼱科 Soricidae 麝鼩属 *Crocidura*

[形态特征] 头部狭长而尖，眼小，耳壳较长，吻尖而长，向前突出，两侧长有长须。四肢纤细，具5趾，乳头3对。体长5~7cm。体重4~8g。

[分布及生境] 全球分布范围：欧洲、中国；全国分布范围：陕西、安徽、内蒙古、甘肃、黑龙江、山西、山东、江苏、辽宁、宁夏、浙江、湖北、新疆、四川。栖息于森林、草原、荒漠等多种环境中。

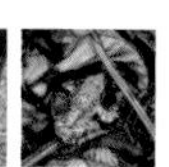

大林姬鼠

拉丁名 *Apodemus peninsulae*　英文名 Korean Field Mouse　哺乳纲 Mammalia
啮齿目 Rodentia　鼠科 Muridae　姬鼠属 *Apodemus*

[形态特征] 背毛淡红棕色，沿体侧偏淡黄棕色。腹毛浅灰白色。尾接近或稍短于体长。头骨有眶上脊，但很少延伸到顶部。体长约80~118mm。

[分布及生境] 全球分布范围：俄罗斯远东地区、库页岛、朝鲜半岛、北海道和中国；全国分布范围：东北、内蒙古、河北、山东、山西、天津、陕西、甘肃、青海、四川、湖北、安徽、宁夏、河南等地。主要栖息于针阔混交林中，阔叶疏林、杨桦林及农田中，一般做巢于地面枯枝落叶层下。

[繁殖特点] 4月份即可开始进行繁殖，6月份为盛期。每胎产仔4~9只，一般每年可繁殖2~3代。

[其他生态习性] 以夜晚活动为主。

黑线姬鼠

拉丁名 *Apodemus agrarius*　英文名 Striped Field Mouse　哺乳纲 Mammalia

啮齿目 Rodentia　鼠科 Muridae　姬鼠属 *Apodemus*

[形态特征] 背毛浅黄棕色到苍白的浅红棕色，通常有细窄的浅黑棕色背中线条纹，腹毛浅灰白色。体长80~113mm，尾长72~115mm。体重29~38g。

[分布及生境] 全球分布范围：广泛分布于欧亚大陆上，从欧洲到日本、我国台湾和西伯利亚都有分布；全国分布范围：除新疆、青海、西藏外，全国各地均有。栖息在农业地区、草地原野和开阔的林地。

[食性] 吃种子和某些昆虫。

[繁殖特点] 繁殖从3月到11月，高峰在4月、5月、7月到10月。每胎1~10仔，平均5~6仔。

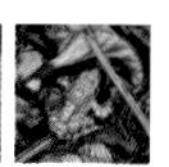

赤练蛇

拉丁名 *Dinodon rufozonatum rufozonatum*　英文名 Dinodon Rufozonatum

游蛇科 Colubridae　游蛇亚科 Colubrinae　链蛇属 *Dinodon*

[别名] 火赤链、红四十八节、红长虫、红斑蛇、红花子、燥地火链、红百节蛇、血三更、链子蛇。

[形态特征] 体长可达1~1.8m。头较宽扁，呈明显三角形，头部黑色，头部鳞缘呈红色，体背均匀布满红黑相间的规则横纹，体两侧为散状黑斑纹，腹鳞外侧有黑褐斑，尾较短细。

[毒性] 后沟牙类毒蛇，该蛇毒液含以血循毒为主的混合毒素，但咬伤症状较弱，到目前为止还没有人员伤亡的具体报道。

[分布及生境] 赤练蛇在国内分布很广。国内除宁夏、甘肃、青海、新疆、西藏外，其他各省(区)均有分布。国外见于朝鲜、日本（其中*Dinodon rufozonatus walli*是日本特有品种）。大多生活于田野、河边、丘陵及近水地带，并常出现于住宅周围，在村民住院内常有发现。以树洞、坟洞、地洞或石堆、瓦片下为窝，野外废弃的土窑及附近多有发现。属夜行性蛇类，多在傍晚出没，晚22：00以后活动频繁。白天躲藏在墙缝、石头、洞穴中，遇到敌害时，先将头部深深埋于体下，摇动尾巴警告，如警告敌害无效，会弯成S型发起攻击，野生个体较凶猛，一旦被抓住会乱咬，尤其喜欢咬软的东西，有咬人不放的习性。

[食性] 以蟾蜍、青蛙、蜥蜴、鱼类、老鼠、蛇（甚至同类）、鸟、动物尸体为食。

[繁殖特点] 卵生，7~8月产卵，每次产7~15枚。

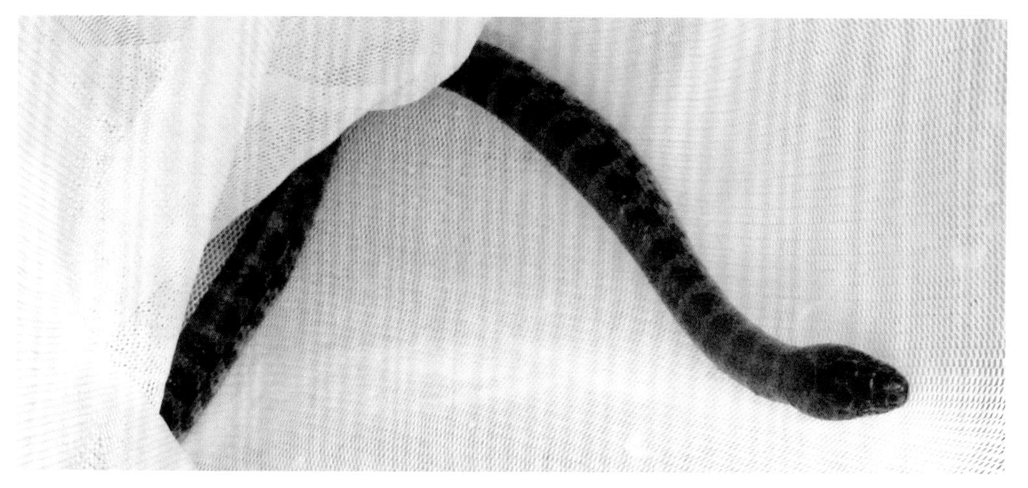

短尾蝮蛇

拉丁名 *Gloydius brevicaudus*

蝰蛇科 Viperidae 蝮亚科 Crotalinae 亚洲蝮属 *Gloydius*

[别名] 红土球子、草上飞、蝮蛇。

[形态特征] 全长雄性414+64mm，雌性344+48mm，背面浅褐色到红褐色，有两行深棕色圆斑，左右交错或并列，圆斑中央色浅，外侧常开放呈马蹄形，有的标本还有一条红棕色脊线；眼后有一呈色眉纹，其上缘镶以黄白色边；尾后段黄白色，但尾尖常为黑色。吻棱明显；鼻间鳞外侧尖细笛向后弯；背鳞中段21行；腹鳞+尾下鳞167~196，平均180。有颊窝，有管牙。北京个体多圆斑左右相连。背鳞外侧及腹面鳞间有一行黑褐色不规侧粗点，略呈星状；腹面灰白色，密布棕褐色或黑褐色细点。

[分布及生境] 短尾蝮蛇生活在平原、丘陵、低山区或城镇结合部的田野、溪沟边和坟丘、灌木丛、石堆及草丛中，多盘曲成团，如狗屎样，故有“狗屎卷”和“狗屎蝮”之称。蝮蛇属晨昏性蛇类，早晨和傍晚活动频繁。

[食性] 其食性很广，是广食性的蛇类，淡水鱼、蛙、蜥蜴、鸟、鼠类等均是蝮蛇喜爱的食物，该蛇也有食蛇的习性。

[繁殖特点] 生殖方式为卵胎生，每年的5~6月为交配期，每胎产2~12条仔蛇，产仔期在8~10月，初产仔期长14~17cm。

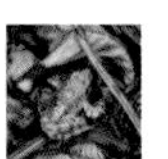

蓝尾石龙子

拉丁名 *Eumeces elegans* 英文名 Five-striped Blue-tailed Skink

石龙子科 Scincidae 石龙子属 *Eumeces*

[形态特征] 小型石龙子，体长约10~12cm，体色底色为黑色，并从吻端到尾巴的基部缀有金色的长条纹，长尾巴则为鲜艳而显眼的蓝绿色或铁青色。性成熟个体体色的两性差异显著，成年雄性体长、头长和头宽显著大于成年雌性。幼体体长生长率无显著的两性差异，成年雄体体长生长率显著大于成年雌体，因此，个体大小的两性异形是性成熟后发生的。体长小于50mm的幼体，头长和头宽无两性差异；当体长大于50mm，雄性头长和头宽随体长的生长率显著大于雌性，并导致头部大小的两性异形，并随个体发育变得越来越显著。

[分布及生境] 分布在我国湖南怀化、浙江金华仙华山一带、天津市蓟县盘山、湖北恩施州、深圳；印度尼西亚、马来西亚、菲律宾、新几内亚及太平洋西南部。栖居在灌木丛、花园及农场中。

[食性] 以昆虫为主食的日行性蜥蜴。

[繁殖特点] 卵生，每次产下2枚卵。这是种分布极广的蜥蜴，太平洋蓝尾岛蜥有时会将尾巴摆成8字型，可能是其领域性行为的一部分，以此威吓其他蜥蜴。

宁波滑蜥

拉丁名 *Scincella modesta* 英文名 Slender Forest Skink

石龙子科 Scincidae 滑蜥属 *Scincella*

[形态特征] 体型较小，全长80~100mm。头体长38~43mm，尾长45~55mm，尾部比头体稍长。头明显宽于颈部，吻短钝。吻鳞宽大于高，从背面明显可见。眼大小适中，下眼睑中央有一扁圆形透明无鳞区的睑窗。鼓膜下陷，耳孔近圆形，其周围光滑无锥状鳞，也无瓣突。耳孔明显小于眼眶，大于睑窗。

[分布及生境] 主要分布在江西、安徽、河北、辽宁、湖北、江苏、浙江和福建、安徽、湖南、香港、四川等地。

[食性] 宁波滑蜥常于清晨、傍晚静伏在背光阴处的杂草丛中或枯叶底下及石缝间。在路边草丛中或乱石堆的石隙间活动，捕食小飞蛾。

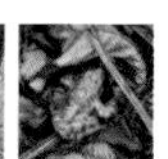

林　蛙

拉丁名 *Rana chensinensis*　　蛙科 Ranidae　　蛙属 *Rana*

［形态特征］雌蛙体长约7~9cm，雄蛙较小；头长宽相等或略宽，扁平；吻端钝圆略突出于下颌，吻棱较明显；鼓膜显著，明显大于眼径之半；前肢较粗短；趾端圆，趾较细长，皮肤上细小疣粒很多，口角后端颌腺十分明显，背侧褶在颞部不平直而成曲折状，在鼓膜上方侧褶略斜向外侧，随即又折向中线，再向后延伸至胯部；两侧褶间有少数分散的疣粒，在肩部排成“∧”；腹面皮肤光滑，皮肤颜色随着季节的不同而变化，秋季和冬季为褐色，夏季为黄褐色。霜降前后林蛙体肥油足，捕捉最好。雌蛙腹内有油(输卵管)而雄蛙腹内无油，故应注意辨别：雌蛙腹部肥满，雄蛙则形体瘦小，腹部小，下部尖形。

［分布及生境］分布于辽宁、吉林、黑龙江、内蒙古、甘肃、河北、山东、山西、陕西、河南、青海、四川等地。

［习性］喜欢森林植被较好有水源的山地，生活在山间溪流与周围植物比较好的森林中，在水中繁殖和越冬。

北京松山常见物种资源图谱

Flora and Fauna in Beijing Songshan Nature Reserve

第四章
北京松山昆虫

Chapter Four: Insects in Beijing Songshan

序号	种	种拉丁名	目	科
1	褐菱猎蝽	*Isyndus obscurus*	半翅目Hemiptera	猎蝽科Reduviidae
2	朝尺蛾（槐尺蛾）	*Psendopanthera corearia*	鳞翅目Lepidoptera	尺蛾科Geometridae
3	大造桥虫	*Ascotis selenarra*	鳞翅目Lepidoptera	尺蛾科Geometridae
4	核桃星尺蛾	*Ophthalmodes albosignaria*	鳞翅目Lepidoptera	尺蛾科Geometridae
5	褐线尺蛾	*Boarmta castigataria*	鳞翅目Lepidoptera	尺蛾科Geometridae
6	锯翅尺蛾	*Angerona glandinaria*	鳞翅目Lepidoptera	尺蛾科Geometridae
7	李尺蛾	*Angerora prunaria*	鳞翅目Lepidoptera	尺蛾科Geometridae
8	萝藦青尺蛾	*Agathia carissima*	鳞翅目Lepidoptera	尺蛾科Geometridae
9	苹烟尺蛾	*Phthorosema tendinosaria*	鳞翅目Lepidoptera	尺蛾科Geometridae
10	肾纹绿尺蛾	*Comibaena procumbaria*	鳞翅目Lepidoptera	尺蛾科Geometridae
11	鹰翅天蛾	*Oxyambulyx ochracea*	鳞翅目Lepidoptera	尺蛾科Geometridae
12	榆绿天蛾	*Callambulyr taterinori*	鳞翅目Lepidoptera	尺蛾科Geometridae
13	雨尺蛾	*Semiothisa pluriata*	鳞翅目Lepidoptera	尺蛾科Geometridae
14	扁刺蛾	*Thosea sinensis*	鳞翅目Lepidoptera	刺蛾科Limacodidae
15	绿尾大蚕蛾	*Actias selene ningpoana*	鳞翅目Lepidoptera	大蚕蛾科Saturniidae
16	白雪灯蛾	*Spilosoma niveus*	鳞翅目Lepidoptera	灯蛾科Hypercompe
17	美苔蛾	*Miceochrista miniata*	鳞翅目Lepidoptera	灯蛾科Hypercompe
18	突角小粉蝶	*Leptidea amurensis*	鳞翅目Lepidoptera	粉蝶科 Pieridae
19	蓝灰蝶	*Everes argiades*	鳞翅目Lepidoptera	灰蝶科Lycaeides
20	红珠灰蝶	*Lycaeides argyrognomon*	鳞翅目Lepidoptera	灰蝶科Lycaeides
21	油松毛虫	*Dendrolimus tabulaeformis*	鳞翅目Lepidoptera	枯叶蛾Lasiocampidae
22	黑鹿蛾	*Amata ganssuensis*	鳞翅目Lepidoptera	鹿蛾科Ctenuchidae
23	稻切叶野螟	*Psara licarsisalis*	鳞翅目Lepidoptera	螟蛾科Pyralididae
24	瓜绢野螟	*Diaphania indica*	鳞翅目Lepidoptera	螟蛾科Pyralididae
25	四斑绢野螟	*Diaphania quadrimacularlis*	鳞翅目Lepidoptera	螟蛾科Pyralididae
26	夏枯草展须野螟	*Eurrhypara hortulata*	鳞翅目Lepidoptera	螟蛾科Pyralididae
27	赭弄蝶	*Ochlodes subhyslina*	鳞翅目Lepidoptera	弄蝶科Hesperiidae
28	豆天蛾	*Clanis bilineata*	鳞翅目Lepidoptera	天蛾科Sphingidae
29	暗扁身夜蛾	*Amphjpyra erebina*	鳞翅目Lepidoptera	夜蛾科Noctuidae
30	八字地老虎	*Xestia c-nigrum*	鳞翅目Lepidoptera	夜蛾科Noctuidae

序号	种	种拉丁名	目	科
31	白夜蛾	*Chasminodes albonitens*	鳞翅目Lepidoptera	夜蛾科Noctuidae
32	比夜蛾	*Callistege*	鳞翅目Lepidoptera	夜蛾科Noctuidae
33	小折巾夜蛾	*Parallelia obseura*	鳞翅目Lepidoptera	夜蛾科Noctuidae
34	杨扇舟蛾	*Clostera anachoreta*	鳞翅目Lepidoptera	舟蛾科Notodontidae
35	无斑掌舟蛾	*Phatera immaculate*	鳞翅目Lepidoptera	舟蛾科Notodontidae
36	女贞尺蛾	*Naxa seriaria*	鳞翅目Lepidoptera	尺蛾科Geometridae
37	雪尺蛾	*Lassaba parvalbidaria*	鳞翅目Lepidoptera	尺蛾科Geometridae
38	黄钩蛱蝶	*Polygonia c-aureum*	鳞翅目Lepidoptera	蛱蝶科Nymphalidae
39	星斗眼蝶	*Lepinga catena*	鳞翅目Lepidoptera	眼蝶科Satyridae
40	鹏灰夜蛾	*Poliapersicariae goliath*	鳞翅目Lepidoptera	夜蛾科Noctuidae
41	苜蓿多节天牛	*Agapanthia amurensis*	鞘翅目Coleoptera	天牛科 Cerambycidae
42	红缘真猎蝽	*Harpactor rubromarginatus*	鞘翅目Coleoptera	蛱蝶科Nymphalidae
43	马铃薯瓢虫	*Henosepilachna vigintioctomaculata*	鞘翅目Coleoptera	瓢虫科Coccinellidae
44	异色瓢虫	*Leis axyridis*	鞘翅目Coleoptera	瓢虫科Coccinellidae
45	褐足角胸肖叶甲	*basilepta fulvipes*	鞘翅目Coleoptera	肖叶甲科Eumolpidae
46	绿边芫菁	*Lytta suturella*	鞘翅目Coleoptera	芫菁科 Meloidae
47	核桃叶甲	*Gastrolina depressa thoracica*	鞘翅目Coleoptera	叶甲科Chrysomelidae
48	谷婪步甲	*Harpalus calceatus*	鞘翅目Coleoptera	步甲科Carabidae
49	蠋步甲	*Dolichus halensis*	鞘翅目Coleoptera	步甲科Carabidae
50	蓝负泥虫	*Lema concinni*	鞘翅目Coleoptera	负泥虫科Crioceridae
51	虎皮斑金龟	*Trichius fasciatus*	鞘翅目Coleoptera	斑金龟科Trichiidae
52	粗绿彩丽金龟	*Mimela holosericea*	鞘翅目Coleoptera	丽金龟科Rutelidae
53	毛喙丽金龟	*Adoretus hirsutus*	鞘翅目Coleoptera	丽金龟科Rutelidae
54	庭院发丽金龟	*Phyllopertha horticola*	鞘翅目Coleoptera	丽金龟科Rutelidae
55	十二斑菌瓢虫	*Vibidia duodecimguttata*	鞘翅目Coleoptera	瓢虫科Coccinellidae
56	异色瓢虫	*Leis axyridis*	鞘翅目Coleoptera	瓢虫科Coccinellidae
57	阔胫鳃金龟	*Maladera verticollis*	鞘翅目Coleoptera	鳃金龟Melolonthidae
58	毛黄鳃金龟	*Holotrichio trichophora*	鞘翅目Coleoptera	鳃金龟Melolonthidae
59	长脚棕翅鳃金龟	*Hoplia cincticollis*	鞘翅目Coleoptera	鳃金龟Melolonthidae

序号	种	种拉丁名	目	科
60	黑绒鳃金龟	*Serica orientalis*	鞘翅目Coleoptera	鳃金龟Melolonthidae
61	培甘天牛	*Menesia sulphurata*	鞘翅目Coleoptera	天牛科 Cerambycidae
62	中黑筒天牛	*Oberea inclusa*	鞘翅目Coleoptera	天牛科 Cerambycidae
63	凹缘金花天牛	*Gaurotes ussuriensis*	鞘翅目Coleoptera	天牛科Cerambycidae
64	红缘亚天牛	*Asias holodendri*	鞘翅目Coleoptera	天牛科Cerambycidae
65	异斑象天牛	*Mesosa stictica*	鞘翅目Coleoptera	天牛科Cerambycidae
66	北京灰象	*Sympiezomias herzi*	鞘翅目Coleoptera	象甲科Curculionidae
67	大灰象	*Sympiezomias velatus*	鞘翅目Coleoptera	象甲科Curculionidae
68	绿象甲	*Hypomeces squamosus*	鞘翅目Coleoptera	象甲科Curculionidae
69	欧洲方喙象	*Cleonus piger*	鞘翅目Coleoptera	象甲科Curculionidae
70	苹果卷叶象甲	*Byctiscus princeps*	鞘翅目Coleoptera	象甲科Curculionidae
71	七星瓢虫	*Coccinella septempunctata*	鞘翅目Coleoptera	象甲科Curculionidae
72	雀斑筒喙象甲	*Lixus ochraccus*	鞘翅目Coleoptera	象甲科Curculionidae
73	榛实象	*Curculio dieckmanni*	鞘翅目Coleoptera	象甲科Curculionidae
74	杨柳肖叶甲	*Smaragdina autrita*	鞘翅目Coleoptera	肖叶甲科Eumolpidae
75	酸枣隐头叶甲	*Cryptocephalus japanus*	鞘翅目Coleoptera	肖叶甲科Eumolpidae
76	中华萝藦叶甲	*Chrysochus chinensis*	鞘翅目Coleoptera	肖叶甲科Eumolpidae
77	绿边芫菁	*Lytta suturella*	鞘翅目Coleoptera	芫菁科 Meloidae
78	眼斑芫菁	*Mylabris cichorii*	鞘翅目Coleoptera	芫菁科Meloidae
79	艾蒿隐头叶甲	*Cryptocephalus koltzei*	鞘翅目Coleoptera	叶甲科Chrysomelidae
80	斑额隐头叶甲	*Cryptocephalus kulibini*	鞘翅目Coleoptera	叶甲Chrysomeloidea
81	斑腿隐头叶甲	*Cryptocephalus pustulipes*	鞘翅目Coleoptera	叶甲Chrysomeloidea
82	二点钳叶甲	*Labidostomis bipunctata*	鞘翅目Coleoptera	叶甲Chrysomeloidea
83	核桃扁叶甲	*Gastrolina depressa*	鞘翅目Coleoptera	叶甲Chrysomeloidea
84	蓝翅矩甲	*Poecilomorpha cyan*	鞘翅目Coleoptera	叶甲Chrysomeloidea
85	柳蓝叶甲	*Plagiodera versicolora*	鞘翅目Coleoptera	叶甲Chrysomeloidea
86	榆绿叶甲	*Pyrrhalta aenescens*	鞘翅目Coleoptera	叶甲Chrysomeloidea
87	绿蓝隐头叶甲	*Cryptocephalus regalis*	鞘翅目Coleoptera	隐头叶甲亚科 Cryptocephalinae
88	柳十八斑叶甲	*Chrysomela salicivorax*	鞘翅目Coleoptera	叶甲科Chrysomelidae
89	玉带蜻	*Psendothemis zonata*	蜻蜓目Odonata	蜻科Libellulidae

序号	种	种拉丁名	目	科
90	艾氏施春蜓	*Sieboldius albarda*	蜻蜓目Odonata	春蜓科Gomphidae
91	联纹小叶春蜓	*Gomphidia confluens*	蜻蜓目Odonata	春蜓科Gomphidae
92	双角戴春蜓	*Davidius biscornutus*	蜻蜓目Odonata	春蜓科Gomphidae
93	长叶异痣蟌	*Ischnura elegans*	蜻蜓目Odonata	蟌科 Coenagrionidae
94	东亚异痣蟌	*Ischnura asiatic*	蜻蜓目Odonata	蟌科 Coenagrionidae
95	捷尾蟌	*Paracercion v-nigrum*	蜻蜓目Odonata	蟌科 Coenagrionidae
96	双斑圆臀大蜓	*Anotogaster kuchenbeiseri*	蜻蜓目Odonata	大蜓科 Cordulegasteridae
97	北京大蜓	*Cordulegaster pekinensis*	蜻蜓目Odonata	大蜓科 Cordulegasteridae
98	黄腿赤蜻	*Sympetrum imitens*	蜻蜓目Odonata	蜻科Libellulidae
99	线痣灰蜻	*Othetrum lineostigma*	蜻蜓目Odonata	蜻科Libellulidae
100	旭光赤蜻	*Sympetrum hypomela*	蜻蜓目Odonata	蜻科Libellulidae
101	异色灰蜻	*Orthetrum melamia*	蜻蜓目Odonata	蜻科Libellulidae
102	黑色蟌	*Calopteryx atrata*	蜻蜓目Odonata	色蟌科Calopterygidae
103	透翅绿色蟌	*Mnais andersori*	蜻蜓目Odonata	色蟌科Calopterygidae
104	透顶单脉色蟌	*Matrona basilaris*	蜻蜓目Odonata	色蟌科Calopterygidae
105	白扇蟌	*Platycnemis foliacea*	蜻蜓目Odonata	扇蟌Platycnemididae
106	东京狭扇蟌	*Copera tokyoensis*	蜻蜓目Odonata	扇蟌Platycnemididae
107	碧伟蜓	*Ischnura elegans*	蜻蜓目Odonata	蜓科Aeshnidae
108	混合蜓	*Aeshna mixta*	蜻蜓目Odonata	蜓科Aeshnidae
109	北京弓蜻	*Macromia beijingensis*	蜻蜓目Odonata	伪蜻科Corduliidae
110	白瓣麦寄蝇	*Medina collaris*	双翅目Diptera	寄蝇科Tachinidae
111	白毛寄蝇	*Tachina albidopilosa*	双翅目Diptera	寄蝇科Tachinidae
112	比贺寄蝇	*Hermya beelzebul*	双翅目Diptera	寄蝇科Tachinidae
113	叉叶江寄蝇	*Janthinomyia elegans*	双翅目Diptera	寄蝇科Tachinidae
114	陈氏寄蝇	*Tachina cheni*	双翅目Diptera	寄蝇科Tachinidae
115	齿肛短须寄蝇	*Linnaemya media*	双翅目Diptera	寄蝇科Tachinidae
116	大型美根寄蝇	*Meigenia majuscula*	双翅目Diptera	寄蝇科Tachinidae
117	对眼广颜寄蝇	*Eurithia consobrina*	双翅目Diptera	寄蝇科Tachinidae
118	钝突长须寄蝇	*Peleteria propinqua*	双翅目Diptera	寄蝇科Tachinidae
119	峨嵋短须寄蝇	*Linnaemya omega*	双翅目Diptera	寄蝇科Tachinidae

序号	种	种拉丁名	目	科
120	飞埃里寄蝇	*Erycia festinans*	双翅目Diptera	寄蝇科Tachinidae
121	肥突颜寄蝇	*Phasia obesa*	双翅目Diptera	寄蝇科Tachinidae
122	腹斑叶甲寄蝇	*Macquartia tessellum*	双翅目Diptera	寄蝇科Tachinidae
123	腹长足寄蝇	*Dexia ventralis*	双翅目Diptera	寄蝇科Tachinidae
124	钩肛短须寄蝇	*Linnaemya picta*	双翅目Diptera	寄蝇科Tachinidae
125	孤色寄蝇	*Thelyconychia solivaga*	双翅目Diptera	寄蝇科Tachinidae
126	广长足寄蝇	*Dexia fulvifera*	双翅目Diptera	寄蝇科Tachinidae
127	害蠹蛾寄蝇	*Xylotachina vulnerans*	双翅目Diptera	寄蝇科Tachinidae
128	赫氏怯寄蝇	*Phryxe heraclei*	双翅目Diptera	寄蝇科Tachinidae
129	黑角长须寄蝇	*Peleteria rubescens*	双翅目Diptera	寄蝇科Tachinidae
130	黑袍卷须寄蝇	*Clemelis pullata*	双翅目Diptera	寄蝇科Tachinidae
131	红腹敏寄蝇	*Mintho rufiventris*	双翅目Diptera	寄蝇科Tachinidae
132	红毛长须寄蝇	*Peleteria rubihirta*	双翅目Diptera	寄蝇科Tachinidae
133	荒漠膜腹寄蝇	*Gymnosoma desertorum*	双翅目Diptera	寄蝇科Tachinidae
134	黄粉彩寄蝇	*Zenillia dolosa*	双翅目Diptera	寄蝇科Tachinidae
135	黄山俏饰寄蝇	*Parerigone huangshanensis*	双翅目Diptera	寄蝇科Tachinidae
136	蓝黑栉寄蝇	*Pales pavida*	双翅目Diptera	寄蝇科Tachinidae
137	迷追寄蝇	*Exorista mimula*	双翅目Diptera	寄蝇科Tachinidae
138	怒寄蝇	*Tachina nupta*	双翅目Diptera	寄蝇科Tachinidae
139	髯侧盾寄蝇	*Paratryphera barbatula*	双翅目Diptera	寄蝇科Tachinidae
140	柔毛幽寄蝇	*Eumea mitis*	双翅目Diptera	寄蝇科Tachinidae
141	茹蜗寄蝇	*Voria ruralis*	双翅目Diptera	寄蝇科Tachinidae
142	三齿美根寄蝇	*Meigenia tridentata*	双翅目Diptera	寄蝇科Tachinidae
143	舌肛短须寄蝇	*Linnaemya linguicerca*	双翅目Diptera	寄蝇科Tachinidae
144	十和田阿特寄蝇	*Atylostoma towadensis*	双翅目Diptera	寄蝇科Tachinidae
145	什塔寄蝇	*Tachina stackelbergi*	双翅目Diptera	寄蝇科Tachinidae
146	透翅追寄蝇	*Exorista hyalipennis*	双翅目Diptera	寄蝇科Tachinidae
147	望柯奈寄蝇	*Cnephaotachina spectanda*	双翅目Diptera	寄蝇科Tachinidae
148	伪利索寄蝇	*Lixophaga fallax*	双翅目Diptera	寄蝇科Tachinidae
149	狭颊赤寄蝇	*Erythrocera genalis*	双翅目Diptera	寄蝇科Tachinidae
150	狭颊寄蝇	*Carcelina dentata*	双翅目Diptera	寄蝇科Tachinidae

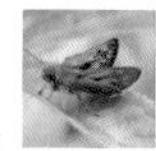

序号	种	种拉丁名	目	科
151	显回寄蝇	*Redtenbacheria insignis*	双翅目Diptera	寄蝇科Tachinidae
152	阴叶甲寄蝇	*Macquartia tenebricosa*	双翅目Diptera	寄蝇科Tachinidae
153	圆腹异颜寄蝇	*Ectophasia rotundiventris*	双翅目Diptera	寄蝇科Tachinidae
154	窄角幽寄蝇	*Eumea linearicornis*	双翅目Diptera	寄蝇科Tachinidae
155	折肛短须寄蝇	*Linnaemya scutellaris*	双翅目Diptera	寄蝇科Tachinidae
156	中介筒腹寄蝇	*Cylindromyia intermedia*	双翅目Diptera	寄蝇科Tachinidae
157	爪哇合眼寄蝇	*Eutrixopsis javana*	双翅目Diptera	寄蝇科Tachinidae
158	柞蚕饰腹寄蝇	*Blepharipa tibialis*	双翅目Diptera	寄蝇科Tachinidae
159	山西姬蝉	*Cicadetta shanxiensis*	同翅目Homoptera	蝉科Cicadidae

褐菱猎蝽

蜉蝣

朝尺蛾

大造桥虫

核桃星尺蛾

褐线尺蛾

锯尺蛾

锯翅尺蛾

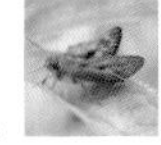

李尺蛾
萝藦青尺蛾
苹烟尺蛾
肾纹绿尺蛾
鹰翅天蛾
榆绿天蛾
雨尺蛾
扁刺蛾

绿尾大蚕蛾　白雪灯蛾

美苔蛾　突角小粉蝶

蓝灰蝶　红珠灰蝶

油松毛虫　黑鹿蛾

稻切叶野螟
瓜绢野螟
四斑绢野螟
夏枯草展须野
赭弄蝶
豆天蛾
暗扁身夜蛾
八字地老虎

白夜蛾

比夜蛾

小折巾夜蛾

杨扇舟蛾

无斑掌舟蛾

女贞尺蛾

雪尺蛾

黄钩蛱蝶

星斗眼蝶

鹏灰夜蛾

苜蓿多节天牛

红缘真猎蝽

丽金龟

马铃薯瓢虫

异色瓢虫

褐足角胸肖叶甲（蓝绿形）

绿边芫菁 核桃叶甲

谷婪步甲 蠋步甲

赤翅虫 蓝负泥虫

虎皮斑金龟 粗绿彩丽金龟

毛喙丽金龟
庭院发丽金龟
十二斑菌瓢虫
异色瓢虫
阔胫鳃金龟
毛黄鳃金龟
长脚棕翅鳃金
黑绒鳃金龟

培甘天牛

中黑筒天牛

凹缘金花天牛

红缘亚天牛

异斑象天牛

北京灰象

大灰象

绿象甲

欧洲方喙象

苹果卷叶象甲

七星瓢虫

雀斑筒喙象甲

榛实象

杨柳肖叶甲

酸枣隐头叶甲

中华萝藦叶甲

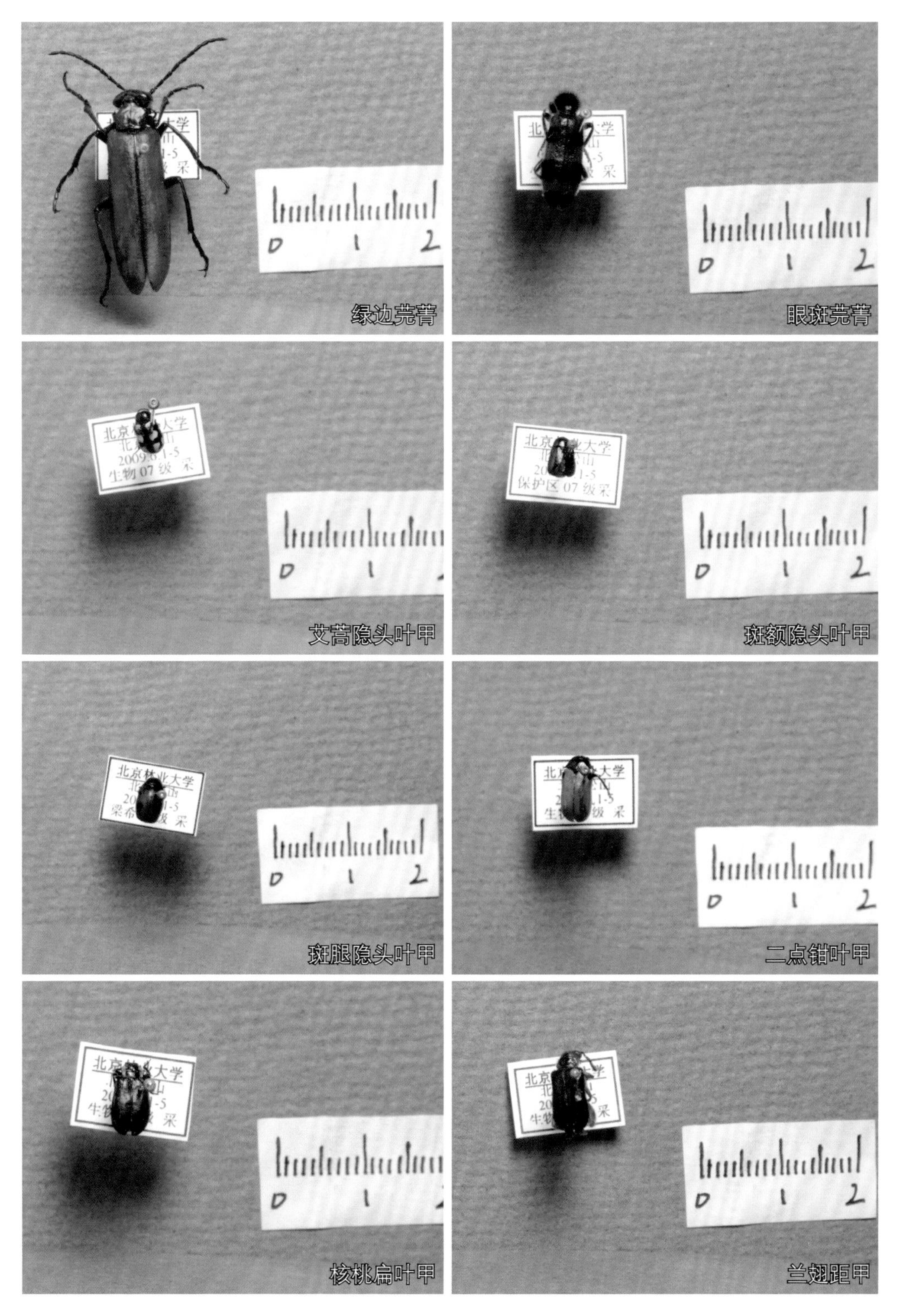

绿边芫菁

眼斑芫菁

艾蒿隐头叶甲

斑额隐头叶甲

斑腿隐头叶甲

二点钳叶甲

核桃扁叶甲

兰翅距甲

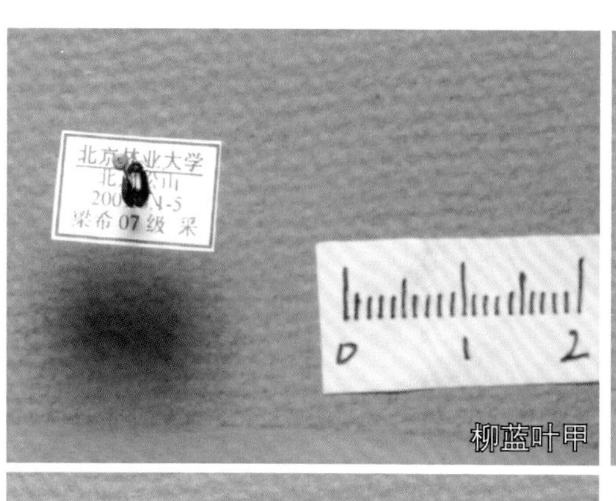

柳蓝叶甲

榆绿叶甲

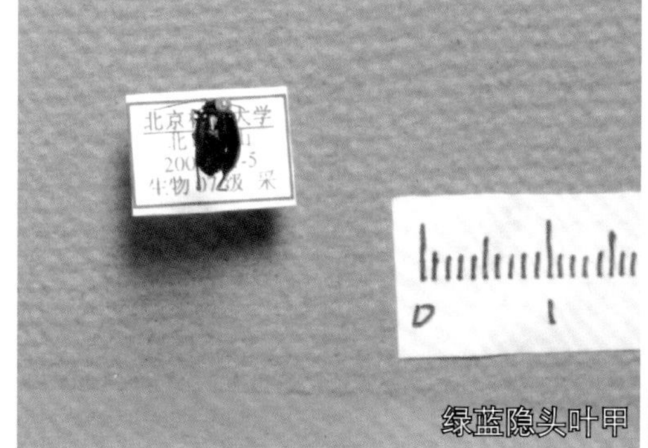
绿蓝隐头叶甲

柳十八斑叶甲

玉带蜻

艾氏施春蜓（雌）

艾氏施春蜓（雄）

联纹小叶春蜓（雌）

双角戴春蜓　长叶异痣蟌

东亚异痣蟌　捷尾蟌

双斑圆臀大蜓（雌）　北京大蜓

黄腿赤蜻（雄）　线痣灰蜻

旭光赤蜻

异色灰蜻（雌）

异色灰蜻（雄）

黑色蟌

透翅绿色蟌

透顶单脉色蟌

白扇蟌

东京狭扇蟌

碧伟蜓

混合蜓

北京弓蜻

白瓣麦寄蝇（雄）

白毛寄蝇（雌）

比贺寄蝇（雄）

叉叶江寄蝇（雌）

陈氏寄蝇（雄）

齿肛短须寄（雌）

大型美根寄蝇（雄）

对眼广颜寄蝇（雌）

钝突长须寄（雌）

峨嵋短须寄（雄）

飞埃里寄蝇 （雄）

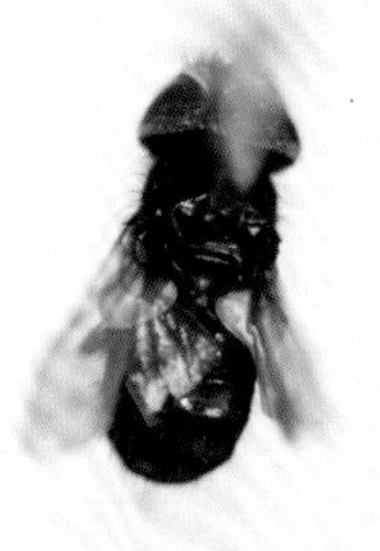
肥突颜寄蝇 （雄）

腹斑叶甲寄蝇（雄）

腹长足寄蝇（雌）

钩肛短须寄蝇（雌）

孤色寄蝇（雌）

广长足寄蝇（雄）

害蠹蛾寄蝇（雄）

赫氏怯寄蝇（雌）

黑角长须寄蝇（雌）

黑袍卷须寄蝇 （雌）

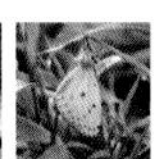

红腹敏寄蝇（雌）

红毛长须寄蝇（雌）

荒漠膜腹寄蝇（雄）

黄粉彩寄蝇（雌）

黄山俏饰寄蝇（雄）

蓝黑栉寄蝇（雄）

迷追寄蝇（雄）

怒寄蝇（雄）

髯侧盾寄蝇（雄）

柔毛幽寄蝇（雄）

茹蜗寄蝇（雄）

三齿美根寄蝇（雄）

舌肛短须寄蝇（雄）

十和田阿特寄蝇（雄）

什塔寄蝇（雌）

透翅追寄蝇（雌）

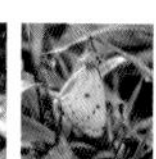

望柯奈寄蝇（雄）

伪利索寄蝇（雌）

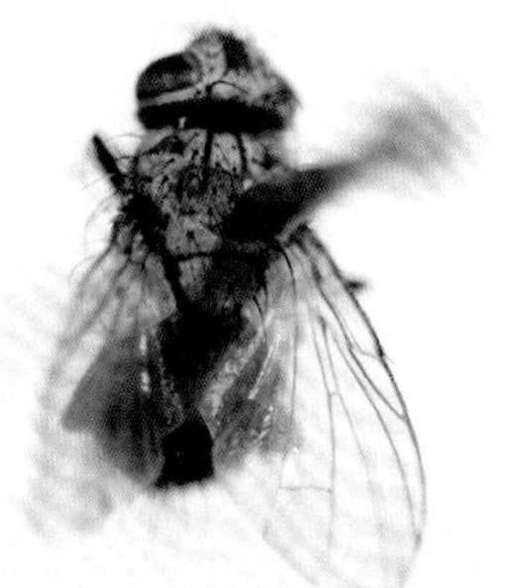
狭颊赤寄蝇（雌）

狭颊寄蝇

显回寄蝇（雌）

阴叶甲寄蝇（雄）

圆腹异颜寄（雄）

窄角幽寄蝇（雌）

折肛短须寄（雌）

中介筒腹寄蝇（雌）

爪哇合眼寄蝇（雄）

柞蚕饰腹寄蝇（雌）

山西姬蝉

参考文献

1. 杜连海，王小平，陈峻崎等.北京松山自然保护区综合科学考察报告[M].北京：中国林业出版社,2012.
2. 王小平，张志翔，甘敬等.北京森林植物图谱[M].北京：科学出版社，2008.
3. 贺士元，邢其华等.北京植物志[M].北京：北京出版社，1984.
4. 王全喜，张小平.植物学[M].北京：科学出版社，2012.
5. 崔国发，邢韶华，赵勃.北京山地植物和植被保护研究[M].北京：中国林业出版社，2008.
6. 张天麟.园林树木1600种[M].北京：中国建筑工业出版社，2012.
7. 于晓南，王继兴，薛康等.北京主要园林植物识别手册[M].北京：中国林业出版社，2009.

索　引

植物中文名索引

A
阿尔泰狗娃花 237
矮紫苞鸢尾 276
凹舌兰 283
B
巴天酸模 40
白苞筋骨草 176
白花碎米荠 77
白桦 29
白屈菜 72
白首乌 165
白头翁 63
白芷 152
斑叶堇菜 146
斑种草 172
半钟铁线莲 61
瓣蕊唐松草 67
抱茎苦荬菜 240
暴马丁香 163
北柴胡 153
北重楼 269
北黄花菜 266
北京假报春 159
北京水毛茛 56
北水苦荬 195
北五味子 71
北鱼黄草 169
笔龙胆 164
篦苞风毛菊 251
萹蓄 36
蝙蝠葛 70
薄荷 182
C
苍术 227
糙苏 183
糙叶败酱 210
糙叶黄芪 109
草本威灵仙 197
草麻黄 25
草乌 51
侧柏 24
叉歧繁缕 48
车前 201
赤瓟 214
穿山龙 274
穿山薯蓣 274
垂果南芥 76
刺儿菜 233
刺槐 118
刺梨 91
刺五加 150
翠菊 230
翠雀 62
D
达乌里胡枝子 115
达乌里黄芪 108
打碗花 166
大丁草 241
大果榆 32
大花杓兰 281
大花剪秋罗 44
大花溲疏 88
大叶白蜡 161
大叶铁线莲 59
大油芒 256
单瓣榆叶梅 106
党参 219
等齿委陵菜 100
地黄 193
地榆 102
点地梅 158
丁香叶忍冬 207
东亚唐松草 66
短茎马先蒿 189
短毛独活 154
短尾铁线莲 58
钝叶瓦松 82
多茎委陵菜 99
多歧沙参 217
E
二叶舌唇兰 287
二月蓝 80
F
返顾马先蒿 190
防风 155
飞廉 231
费菜 83
风轮菜 177
风毛菊 249
附地菜 173
G
甘菊 235
刚毛忍冬 206

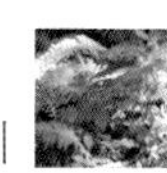

高山蓍 221
狗尾草 255
光滑柳叶菜 148
鬼针草 228
H
杭子梢 110
核桃楸 27
红旱莲 141
红花锦鸡儿 111
红桦 28
红升麻 87
红纹马先蒿 191
胡枝子 114
花葱 171
华北对叶兰 284
华北景天 84
华北蓝盆花 213
华北耧斗菜 55
华北落叶松 22
华北乌头 52
华北五角枫 132
黄花列当 199
黄精 271
黄香草木犀 116
灰背老鹳草 123
火炬树 129
火绒草 243
藿香 175
J
鸡树条荚蒾 209
鸡腿堇菜 142
戟叶蓼 39
荚果蕨 20
假香野豌豆 120
尖唇鸟巢兰 285
茳芒香豌豆 113
角蒿 198
角盘兰 277
接骨木 208
金莲花 68
荆条 174
景天三七 83
桔梗 220
卷耳 41
K
苦参 119
宽叶荨麻 35
L
蓝刺头 236
蓝萼香茶菜 184
蓝花棘豆 117
类叶升麻 53
藜芦 273
裂叶堇菜 80
刘寄奴 194
柳穿鱼 188
柳兰 149
六道木 205
六叶葎 202
龙须菜 264
龙芽草 96
鹿药 272
葎草 33
葎叶蛇葡萄 137
轮叶婆婆纳 197
裸茎碎米荠 78
落新妇 87
M
蚂蚱腿子 246
曼陀罗 186
蔓出卷柏 18
猫眼草 126
毛茛 65
毛连菜 247
毛榛 31
梅花草 90
米口袋 112
棉团铁线莲 60
木本香薷 179
N
南蛇藤 130
牛蒡 222
牛扁 50
牛泷草 147
牛膝菊 238
女娄菜 46
O
欧李 104
P
爬山虎 139
盘果菊 248
蓬子菜 203
平榛 30
蒲公英 253
Q
荠苨 216
祈州漏芦 224
茜草 204
芹叶铁线莲 57
蜻蜓兰 278
秋子梨 95
球序韭 263
瞿麦 43
全缘橐吾 245
雀儿舌头 127
R
日本菟丝子 168
日本续断 212

软枣猕猴桃 140
锐齿鼠李 134
S
三脉紫菀 225
山丹 268
山荆子 94
山葡萄 138
山桃 103
山莴苣 242
山杏 105
山杨 26
山楂 93
山楂叶悬钩子 101
石沙参 215
石生蝇子草 47
石竹 42
手参 286
鼠掌老鹳草 122
水金凤 133
水杨梅 97
松蒿 192
酸模叶蓼 37
酸枣 136
T
糖芥 79
田旋花 167
铁杆蒿 223
透骨草 200
土庄绣线菊 92
W
瓦松 81
歪头菜 121
委陵菜 98
卫矛 131
问荆 19
无梗五加 151
X
西伯利亚远志 125
溪水薹草 257
细叶白头翁 64
细叶婆婆纳 196
细叶小檗 69
狭苞橐吾 244
狭叶红景天 86
夏至草 180
香青兰 178
小丛红景天 85
小红菊 234
小花鬼针草 228
小花溲疏 89
小黄紫堇 73
小叶鼠李 135
蝎子草 34
缬草 211
萱草 265
旋覆花 239
Y
鸭跖草 260
烟管蓟 232
胭脂花 160
羊耳蒜 279
野海茄 187
野韭 262
野青茅 254
野亚麻 124
野罂粟 75
野鸢尾 275
叶底珠 128
一把伞南星 259
一叶荻 128
异花假繁缕 45
异穗薹草 258
益母草 181
阴行草 194
荫生鼠尾草 185
银背风毛菊 250
迎红杜鹃 157
油松 23
有斑百合 267
有柄石韦 21
玉竹 270
圆叶牵牛 170
Z
早开堇菜 145
沼兰 282
沼生繁缕 49
照山白 156
支柱蓼 38
直立黄芪 107
皱叶鸦葱 252
诸葛菜 80
珠果黄堇 74
竹叶子 261
紫斑风铃草 218
紫点杓兰 280
紫丁香 162
紫花地丁 144
紫花耧斗菜 54
紫菀 225

植物拉丁名索引

A
Abelia biflora 205
Acanthopanax senticosus 150
Acanthopanax sessiliforus 151
Acer truncatum 132
Achillea alpina 221
Aconitum barbatum 50
Aconitum kusnezoffii 51
Aconitum soongaricum var. *angustium* 52
Actaea asiatica 53
Actinidia arguta 140
Adenophora polyantha 215
Adenophora trachelioides 216
Adenophora wawreana 217
Agastache rugosa 175
Agrimonia pilosa 96
Ajuga lupulina 176
Allium ramosum 262
Allium thunbergii 263
Ampelopsis humulifolia 137
Androsace umbellata 158
Angelica dahurica 152
Aquilegia viridiflora 54
Aquilegia yabeana 55
Arabis pendula 76
Arctium lappa 222
Arisaema erubescens 259
Artemisia sacrorum 223
Asparagus schoberioides 264
Aster ageratoides 225
Aster tataricus 226
Astilbe chinensis 87
Astragalus adsurgens 107
Astragalus dahuricus 108
Astragalus scaberrimus 109
Atractylodes lancea 227
B
Batrachium pekinense 56
Berberis poiretii 69
Betula albo-sinensis 28
Betula platyphylla 29
Bidens parviflora 228
Bidens pilosa 229
Bothriospermum chinense 172
Bupleurum chinense 153
C
Callistephus chinensis 230
Calystegia hederacea 166
Campanula punctata 218
Campylotropis macrocarpa 110
Caragana rosea 111
Cardamine leucantha 77
Cardamine scaposa 78
Carduus crispus 231
Carex forficula 257
Carex heterostachya 258
Celastrus orbiculatus 130
Cerastium arvense 41
Chelidonium majus 72
Circaea cordata 147
Cirsium pendulum 232
Cirsium setosum 233
Clematis aethusifolia 57
Clematis brevicaudata 58
Clematis heracleifolia 59
Clematis hexapetala 60

Clematis ochotensis 61
Clinopodium chinense 177
Codonopsis pilosula 219
Coeloglossum viride 283
Commelina communis 260
Convolvulus arvensis 167
Cortusa matthioli 159
Corydalis raddeana 73
Corydalis speciosa 74
Corylus heterophylla 30
Corylus mandshurica 31
Crataegus pinnatifida 93
Cuscuta japonica 168
Cynanchum bungei 165
Cypripedium guttatum 280
Cypripedium macranthum 281

D

Datura stramonium 186
Delphinium grandiflorum 62
Dendranthema chanetii 234
Dendranthema lavandulifolium 235
Deutzia grandiflora 88
Deutzia parviflora 89
Deyeuxia arundinacea 254
Dianthus chinensis 42
Dianthus superbus 43
Dioscorea nipponica 274
Dipsacus japonicus 212
Dracocephalum moldavica 178

E

Echinops sphaerocephalus 236
Elsholtzia stauntoni 179
Ephedra sinica 25
Epilobium amurense subsp. *cephalostigma* 148
Epilobium angustifolium 149
Equisetum arvense 19
Erysimum bungei 79
Euonymus alatus 131
Euphorbia esula 126

F

Flueggea suffruticosa 128
Fraxinus rhynchophylla 161

G

Galinsoga parviflora 238
Galium asperuloides subsp. *hoffmeisteri* 202
Galium verum 203
Gentiana zellingeri 164
Geranium sibiricum 122
Geranium wlassowianum 123
Gerbera anandria 241
Geum aleppicum 97
Girardinia cuspidata 34
Gueldenstaedtia multiflora 112
Gymnadenia conopsea 286

H

Hemerocallis fulva 265
Hemerocallis lilioasphodelus 266
Heracleum moellendorffii 154
Herminium monorchis 277
Heteropappus altaicus 237
Humulus scandens 33
Hypericum ascyron 141

I

Impatiens nolitangere 133
Incarvillea sinensis 198
Inula japonica 239
Iris dichotoma 275
Iris ruthenica var. *nana* 276
Ixeris sonchifolia 240

J

Juglans mandshurica 27

L
Lagedium sibiricum 242
Lagopsis supina 180
Larix principis-rupprechtii 22
Lathyrus davidii 113
Leontopodium leontopodioides 243
Leonurus japonicus 181
Leptopus chinensis 127
Lespedeza bicolor 114
Lespedeza davurica 115
Ligularia intermedia 244
Ligularia mongolica 245
Lilium concolor var. *pulchellum* 267
Lilium pumilum 268
Linaria vulgaris 188
Linum stelleroides 124
Liparis japonica 279
Listera puberula 284
Lonicera hispida 206
Lonicera oblata 207
Lychnis fulgens 44
M
Malaxis monophyllos 282
Malus baccata 94
Matteuccia struthiopteris 20
Melilotus officinalis 116
Menispermum dauricum 70
Mentha haplocalyx 182
Merremia sibirica 169
Myripnois dioica 246
N
Neottia acuminata 285
O
Orobanche pycnostachya 199
Orostachys fimbriatus 81
Orostachys malacophyllus 82
Orychophragmus violaceus 80
Oxytropis coerulea 117
P
Papaver nudicarule 75
Paris verticillata 269
Parnassia palustris 90
Parthenocissus tricuspidata 139
Patrinia scabra 210
Pedicularis artslaeri 189
Pedicularis resupinata 190
Pedicularis striata 191
Pharbitis purpurea 170
Phedimus aizoon 83
Phlomis umbrosa 183
Phryma leptostachya 200
Phtheirospermum japonicum 192
Picris hieracioides 247
Pinus tabuliformis 23
Plantago asiatica 201
Platanthera chlorantha 287
Platycladus orientalis 24
Platycodon grandiflorum 220
Polemonium coeruleum 171
Polygala sibirica 125
Polygonatum odoratum 270
Polygonatum sibiricum 271
Polygonum aviculare 36
Polygonum lapathifolium 37
Polygonum suffultum 38
Polygonum thunbergii 39
Populus davidiana 26
Potentilla chinensis 98
Potentilla multicaulis 99
Potentilla simulatrix 100
Prenanthes tatarinowii 248
Primula maximowiczii 160

Prunus davidiana 103
Prunus humilis 104
Prunus sibirica 105
Prunus triloba 106
Pseudostellaria heterantha 45
Pulsatilla chinensis 63
Pulsatilla turczaninovii 64
Pyrrosia petiolosa 21
Pyrus ussuriensis 95
R
Rabdosia japonica 184
Ranunculus japonicus 65
Rehmannia glutinosa 193
Rhamnus arguta 134
Rhamnus parvifolia 135
Rhaponticum uniflorum 224
Rhodiola dumulosa 85
Rhodiola kirilowii 86
Rhododendron micranthum 156
Rhododendron mucronulatum 157
Rhus typhina 129
Ribes burejense 91
Robinia pseudoacacia 118
Rubia cordifolia 204
Rubus crataegifolius 101
Rumex patientia 40
S
Salvia umbratica 185
Sambucus willamsii 208
Sanguisorba officinalis 102
Saposhnikovia divaricata 155
Saussurea japonica 249
Saussurea nivea 250
Saussurea pectinata 251
Scabiosa tschiliensis 213
Schisandra chinensis 71
Scorzonera inconspicua 252
Sedum tatarinowii 84
Selaginella davidii 18
Setaria viridis 255
Silene aprica 46
Silene tatarinowii 47
Siphonostegia chinensis 194
Smilacina japonica 272
Solanum japonense 187
Sophora flavescens 119
Spiraea pubescens 92
Spodiopogon sibiricus 256
Stellaria dichotoma 48
Stellaria palustris 49
Streptolirion volubile 261
Syringa oblata 162
Syringa reticulata var. *amurensis* 163
T
Taraxacum mongolicum 253
Thalictrum minus var. *hypoleucum* 66
Thalictrum petaloideum 67
Thladiantha dubia 214
Trigonotis peduncularis 173
Trollius chinensis 68
Tulotis asiatica 278
U
Ulmus macrocarpa 32
Urtica laetevirens 35
V
Valeriana officinalis 211
Veratrum nigrum 273
Veronica anagllis-aquatica 195
Veronica linariifolia 196
Veronicastrum sibiricum 197
Viburnum sargentii 209
Vicia pseudorobus 120

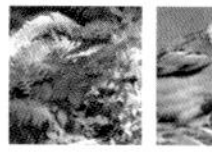

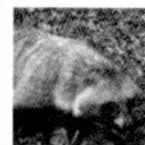

Vicia unijuga 121
Viola acuminata 142
Viola dissecta 143
Viola philippica 144
Viola prionantha 145
Viola variegata 146
Vitex negundo 174
Vitis amurensis 138
Z
Ziziphus jujuba var. *spinosa* 136

鸟类中文名索引

A
阿穆尔隼 302
B
白腹（姬）鹟 342
白腹蓝鹟 342
白鹡鸰 323
白眉（姬）鹟 340
斑翅山鹑 304
斑鸫 337
北红尾鸲 332
C
苍鹰 293
长耳鸮 312
长尾山椒鸟 326
赤腹鹰 298
D
大斑啄木鸟 317
大杜鹃 308
大山雀 347
大嘴乌鸦 362
戴胜 315
戴胜目 315
F
发冠卷尾 355
粉红胸鹨 325
凤头百灵 319
凤头蜂鹰 299
佛法僧目 313
G
戈氏岩鹀 370
鸽形目 307
H
鹳形目 290
褐河乌 328
褐柳莺 338
褐头山雀 351
黑鹳 290
黑喉石䳭 334
黑枕黄鹂 354
红点颏 330
红喉（姬）鹟 341
红喉歌鸲 330
红角鸮 309
红隼 303
红尾水鸲 333
红胁蓝尾鸲 331
红胁绣眼 353
红嘴蓝鹊 358
红嘴山鸦 361
黄点颏 341
黄腹山雀 348
黄喉鹀 369
黄腰柳莺 339
灰鹡鸰 322
灰脸鵟鹰 297
灰椋鸟 356
灰眉岩鹀 370
灰头绿啄木鸟 316
灰喜鹊 359
J
鸡形目 304
家燕 320
鹪鹩 329
金翅（雀） 367
金雕 300
金腰燕 321
鹃形目 308
L
蓝矶鸫 335
䴕形目 316
领角鸮 310
绿头鸭 292
M
煤山雀 349
P
普通䴓 352
普通鵟 296
普通翠鸟 313
普通朱雀 368
Q
雀形目 319
雀鹰 294
S
三宝鸟 314

三道眉草鹀 371
山斑鸠 307
山麻雀 365
山噪鹛 344
勺鸡 305
寿带（鸟） 343
树鹨 324
（树）麻雀 364
松雀鹰 295
松鸦 357
隼形目 293

T

太平鸟 327
秃鹫 301

X

喜鹊 359
鸮形目 309
小鹀 371
小嘴乌鸦 363
星头啄木鸟 318

Y

雁形目 291
燕雀 366
银喉长尾山雀 346
鸳鸯 291

Z

沼泽山雀 350
雉鸡 306
紫啸鸫 336
棕头鸦雀 345
纵纹腹小鸮 311

鸟类拉丁名索引

A

Accipiter gentilis 293
Accipiter nisus 294
Accipiter soloensis 298
Accipiter virgatus 295
Aegithalos caudatus 346
Aegypius monachus 301
Aix galericulata 291
Alcedo atthis 313
Anas platyrhynchos 292
Anthus hodgsoni 324
Anthus roseatus 325
Aquila chrysaetos 300
Asio otus 312
Athene noctua 311

B

Bombycilla garrulus 327
Butastur indicus 297
Buteo buteo 296

C

Carduelis sinica 367
Carpodacus erythrinus 368
Ciconia nigra 290
Cinclus pallasii 328
Corvus corone 363
Corvus macrorhynchos 362
Cuculus canorus 308
Cyanopica cyana 359

D

Dendrocopos canicapillus 318
Dendrocopos major 317
Dicrurus hottentottus 355

E

Emberiz cioides 371
Emberiza cia 370
Emberiza elegan 369
Emberiza pusilla 371
Eurystomus orientalis 314

F

Falco amurensis 302
Falco tinnunculus 303
Ficedula cyanomelana 342
Ficedula parva 341
Ficedula zanthopygia 340

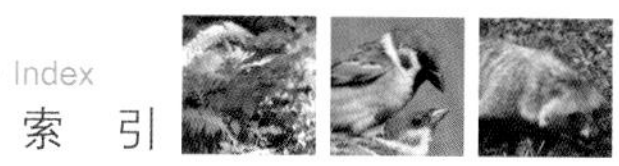

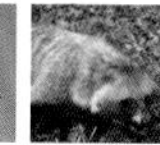

Fringilla montifringilla 366
G
Galerida cristata 319
Garrulax davidi 344
Garrulus glandarius 357
H
Hirundo daurica 321
Hirundo rustica 320
L
Luscinia calliope 330
M
Monticola solitarius 335
Motacilla alba 323
Motacilla cinerea 322
Myiophoneus caeruleus 336
O
Oriolus chinensis 354
Otus bakkamoena 310
Otus scops 309
P
Paradoxornis webbianus 345
Parus ater 349
Parus major 347
Parus montanus 351
Parus palustris 350
Parus venustulus 348
Passer montanus 364
Passer rutilans 365
Perdix dauuricae 304
Pericrocotus ethologus 326
Pernis ptilorhynchus 299
Phasianus colchicus 306
Phoenicurus auroreus 332
Phylloscopus fuscatus 338
Phylloscopus proregulus 339
Pica pica 360
Picus canus 316
Pucrasia macrolopha 305
Pyrrhocorax pyrrhocorax 361
R
Rhyacornis fuliginosus 333
S
Saxicola torquata 334
Sitta europaea 352
Streptopelia orientalis 307
Sturnus cineraceus 356
T
Tarsiger cyanurus 331
Terpsiphone paradisi 343
Troglodytes troglodytes 329
Turdus naumanni 337
U
Upupa epops 315
Urocissa erythrorhyncha 358
Z
Zosterops erythropleura 353

哺乳、爬行、两栖动物中文索引

斑羚 381
豹猫 377
赤练蛇 387
大林姬鼠 385
短尾蝮蛇 388
狗獾 376
貉 380
黑线姬鼠 386
花鼠 383
黄鼠狼 378
黄鼬 378
蓝尾石龙子 389
林蛙 391
宁波滑蜥 390
狍 374

狍子	374	小麝鼩	384	野猪	379
五道眉	383	岩松鼠	382	猪獾	375

哺乳、爬行、两栖动物拉丁名索引

Apodemus agrarius 386
Apodemus peninsulae 385
Arctonyx collaris 375
Capreolus capreolus 374
Crocidura suaveolens 384
Dinodon rufozonatum rufozonatum 387
Eumeces elegans 389
Eutamias sibiricus 383
Gloydius brevicaudus 388
Meles meles 376
Mustela sibirica 378
Naemorhedus goral 381
Nyctereutes procyonoides 380
Prionailurus bengalensis 377
Rana chensinensis 391
Scincella modesta 390
Sciurotamias davidianus 382
Sus scrofa 379

注：松山昆虫名录请见第四章内容P394～399。